0~12个月宝宝
照护全Hold住

乐妈咪孕育团队 主编

正确的照护技巧
生活饮食一把抓

岁

江西科学技术出版社

目 录
Content

Part.4
第四个月的宝宝

Part.5
第五个月的宝宝

Part.6
第六个月的宝宝

Part.1
第一个月的宝宝

宝宝这样照顾
发育、饮食、照护
生活细节知识一把抓

刚出生第一周的宝宝，生理状态依然较为脆弱，爸妈要特别小心照护。

宝宝的发育

在刚出生这段时间，宝宝脱离母体转为独立生存，适应能力尚不完善，在生长发育和疾病方面具有非常明显的特殊性，且发病率高，因此需要对其进行特别的护理。

刚出生的宝宝差不多一整天都在睡觉，在第一周，除了吃奶的时间，宝宝几乎都在睡觉，睡觉时蜷缩着身体，非常类似于胎儿在子宫内的姿势。

另外，新生儿呼吸运动比较浅，呼吸频率较快，每分钟约45次，而且在出生头两周呼吸频率波动会较大，这是正常的生理现象。

宝宝的饮食

新生儿的营养需要包括维持基础代谢和生长发育的能量消耗。一般环境温度下，新生儿的基础热量消耗为每千克50千卡，加上活动、食物的特殊动力作用，新生儿每餐共需摄入热量为每千克59.7～80.1千卡。

对于新生儿来说，最理想的营养就是母乳。对于刚刚出生的宝宝，喂奶的时间不用固定。妈妈可以按照"按需喂养"的原则，只要宝宝有饥饿的表现，如啼哭，或表现得更警觉、更活跃、小嘴不停地张合，四处寻找乳头时，就应该喂奶。

宝宝的照护

父母要经常给宝宝量体温，使用体温计是最简单易行的方法。其中有一种儿童专用的液晶体温计，只需在宝宝的前额或颈部轻轻一压，保持15秒，液晶颜色停止变化，即可读取温度；此外，一些数字型的电子体温计也非常适合宝宝使用。传统的水银玻璃体温计由于测量结果较准确，许多家庭还在使用。

新生儿发热时，不要轻易使用各种退热药物，应当以物理降温为主。首先应调节新生儿居室的温度，若室温高于25℃，应设法降温，同时要减少或解开新生儿的衣服和包被，以便热量的散发。当新生儿体温超过39℃时，可用温水擦浴前额、颈部、腋下、四肢和大腿根部，促进皮肤散热。

宝宝照护 Q&A

可以给新生儿刮眉吗？

有些父母希望新生儿将来的眉毛长得更浓密，更好看，于是想给新生儿刮掉眉毛，但这样做对宝宝来说是有可能造成伤害的。因为眉毛的主要功能是保护眼睛，防止尘埃进入，如果刮掉眉毛，短时间内会对眼睛形成威胁。

其次，由于新生儿的皮肤非常娇嫩，刮眉毛时，可能伤及新生儿的皮肤。加上新生儿抵抗力弱，如果眉毛部位的皮肤受伤，容易导致伤口感染溃烂，以后可能就不能再长眉毛了。

再者，如果新生儿的眉毛根部受到损伤，再次生长时，就会改变其形态与位置。

新生儿的眉毛一般在5个月左右就会自然脱落，重新长出新眉毛来，因此完全没必要给宝宝刮眉毛。

肢体游戏：抓抓小手

1.将食指放在宝宝的手掌上，等待几秒钟再收回。

2.反复几次后，再将食指放在宝宝的手掌边缘，看看宝宝会不会去抓。

宝贝又长大咯!

宝宝开始迈入学习社会化的关键时期

照片黏贴处

妈妈笔记

照片黏贴处

宝宝生活与成长记录表

🕐	Day1	Day2	Day3	Day4	Day5	Day6	Day7	
🚼								头围
🍼								
💩								体重
🦆								
🐷								身高
🩲								

🕐 时间　🚼 睡觉　🍼 喝奶　💩 便便　🦆 洗澡　🐷 玩耍　🩲 尿布

宝宝这样照顾

发育、饮食、照护

生活细节知识一把抓

出生第二周的宝宝，生理上还在努力适应环境，爸爸妈妈要细心照护。

宝宝的发育

在出生后六周之内，新生儿看不清周围的事物，但是视力会逐渐好转。此时婴儿会环顾四周，或者注视妈妈的脸。在这个时期，婴儿能看事物的焦距只有20～25厘米。这个距离相当于妈妈抱着婴儿时与婴儿之间的距离。如果抱起婴儿，婴儿就能与妈妈的眼睛对视。

宝宝的饮食

在婴儿三个月大以前，妈妈采取一边躺着一边哺乳的姿势是不安全的，因为如果妈妈不小心睡着时，乳房就有可能堵住婴儿的鼻子和嘴，使婴儿窒息。

正确的喂奶姿势能促进哺乳，并保证乳汁的分泌量，因此在哺乳时，妈妈要将婴儿抱起，略倾向自己，使婴儿整个身体贴近自己，用上臂托住婴儿头部，将乳头轻轻送入婴儿口中，使婴儿用口含住整个乳头，并用唇部贴住乳晕的大部分或全部。妈妈要注意用食指和中指将乳头的上下两侧轻轻下压，以免乳房堵住婴儿鼻孔影响呼吸，或因奶流过急呛着婴儿。

宝宝的照护

在帮宝宝洗澡时，首先要做的是将洗浴中需要的物品备齐；第二，检查一下自己的指甲，以免划伤宝宝；第三，使室温维持在一般人觉得最舒适的26~28℃，水温则以37~42℃为宜；第四，可在盆内先倒入冷水，再加热水，再用手腕或手肘试一下，检查水温是否适合；第五，沐浴时要避免有风吹向宝宝，以防着凉生病。

用手肘先测试水温

将宝宝轻柔地放入水中

左手支撑宝宝，右手为宝宝清洗

背部也要进行清洗

用浴巾将宝宝的全身擦干

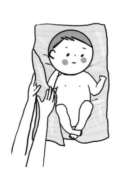

可以用轻拍的方式擦干宝宝，减少皮肤摩擦

最后为宝宝穿上衣服

宝贝又长大咯!

宝宝开始迈入学习社会化的关键时期

照片黏贴处

妈妈笔记

照片黏贴处

宝宝生活与成长记录表

🕐	**Day1**	**Day2**	**Day3**	**Day4**	**Day5**	**Day6**	**Day7**	
🛒								头围
🍼								
💩								体重
🛁								
🎆								身高
👙								

🕐 时间　🛒 睡觉　🍼 喝奶　💩 便便　🛁 洗澡　🎆 玩耍　👙 尿布

第三周

宝宝这样照顾
发育、饮食、照护
生活细节知识一把抓

相信爸妈在宝宝出生第三周之后，对照护的方法应感到更为上手，接着我们带爸妈来看看更多关于宝宝的照顾细节！

宝宝的发育

刚出生的婴儿，耳鼓腔内还充满着黏性液体，随着液体的吸收和中耳腔内空气的充满，其听觉的灵敏性逐渐增强。因此，新生儿睡醒后，妈妈可用轻柔和蔼的语言和他说话，也可以放一些柔美的音乐给他听，但音量要小，因为大的响动可使其四肢抖动或惊跳。

新生儿的触觉很灵敏。轻轻触动其口唇便会出现吮吸动作，并转动头部。触其手心会立即紧紧握住。哭闹时将其抱起会马上安静下来。妈妈应当多抱抱婴儿，使其更多地享受到母亲的爱抚。

宝宝的饮食

喂配方奶时，可以循序渐进地试探宝宝的食量，第一次喂奶可以先冲30毫升左右，如果能吃完，第二次可以冲50~60毫升。到宝宝满月后，食量还会增加。其喂配方奶的频率与母乳喂养的宝宝基本一致。

另外，给宝宝喂奶时，一定要找一个安静、舒适的地方坐下来，应该让宝宝呈半坐姿势，这样才能保证宝宝的呼吸和吞咽安全。

在喂奶的时候，妈妈要亲切注视着宝宝的眼睛和他的表情，可以对着宝宝说说话、唱唱歌，加强母婴间的交流。

宝宝的照护

让新手爸妈最烦恼的，莫过于宝宝在哭闹的时候。试尽了一切方法后，宝宝还是不会停止哭闹，这时候爸妈到底该怎么做呢？

其实，哭闹是宝宝与他人交流的一个重要方法。有些爸爸妈妈认为宝宝一哭就哄，会惯坏宝宝，这是不对的。宝宝哭时，爸爸妈妈要注意观察，仔细听哭声的音质及音调，辨明哭的原因。通常，宝宝哭一阵就停一小阵，大多是由饥饿、困了、大小便了、过冷、过热或蚊虫叮咬等引起的。一旦去除了这些因素，宝宝就会停止啼哭。如果是由于疾病而引起的哭闹，宝宝可能会尖声哭、嘶哑地哭或低声无力地哭，若将宝宝抱起来后仍然啼哭不止，这时应立即去医院检查。

宝宝照护 Q&A

如何保护宝宝的囟门？

新生儿囟门指新生儿出生时头顶有两块没有骨质的"天窗"，医学上称为"囟门"。一般情况下，新生儿头顶有两个囟门，位于头前部的叫前囟门，位于头后部的叫后囟门。用手触摸前囟门时有时会触到如脉搏一样的搏动感，这是正常现象。

正确的保护是要经常地清洗，因新生儿出生后，皮脂腺的分泌加上脱落的头皮屑，常在前后囟门部位形成结痂，若不及时洗掉反而会影响皮肤的新陈代谢，引发脂溢性皮炎，对新生儿健康不利。清洗时的动作要轻柔、敏捷，不可用手抓挠；要保证用具和水清洁卫生，水温和室温都要适宜。

另外，新生儿囟门平时不可用手按压，也不可用硬物碰撞，以防碰破出血和感染。

视觉游戏：动物来了

1.准备一只有动物图案或鲜艳花朵图案的手套。

2.将手套戴上，在孩子视线范围内慢慢移动，注意观察宝宝的表情。

3.移动的时候，可以十分轻柔地模仿手套上动物的声音，吸引宝宝的注意。

宝贝又长大咯!

宝宝开始迈入学习社会化的关键时期

照片黏贴处

妈妈笔记

照片黏贴处

宝宝生活与成长记录表

	Day1	Day2	Day3	Day4	Day5	Day6	Day7	
								头围
								体重
								身高

⏰时间　👶睡觉　🍼喝奶　💩便便　🦆洗澡　🧸玩耍　👙尿布

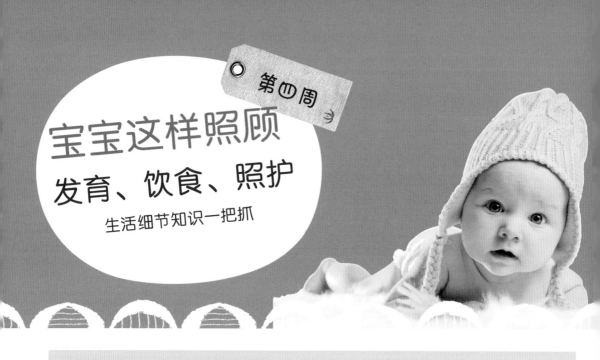

宝宝这样照顾
发育、饮食、照护
生活细节知识一把抓

转眼间宝宝来到了第一个月的最后一周，爸妈这时候又有什么事项要注意呢？

宝宝的发育

新生儿的嗅觉比较发达，已能辨别出妈妈身上的气味，刺激性强的气味会使他皱鼻、不愉快；同样，闻到喜欢的味道，宝宝也会感到欣喜。同时，新生儿的味觉也相当发达，能辨别出甜、苦、咸、酸等味道，因此，从新生儿时期起，喂养婴儿就要注意不要用果汁代替白开水，牛奶也不要加糖过多，以免甜味过重，应按5%～8%的比例加糖。否则如果每次喝水都加果汁或白糖，以后再喂他白开水，他就不喝了；如果吃惯了母乳再换牛奶，他会拒食。

宝宝的饮食

以下几种方法有助于解决宝宝厌奶的问题：

·采用定时但少量的喂养方式，可以让宝宝慢慢形成喝奶的规律。

·通过提高宝宝活动量，来消耗宝宝的体能，让宝宝更容易感到饥饿。

·为了不让宝宝在喝奶时分心，妈妈可尝试把灯光调暗，并远离电视等容易分散注意力的物品。

·妈妈也可尝试不同的喂奶姿势，如边喂奶边走来走去、边喂奶边摇晃宝宝等，不同的喂奶姿势可使宝宝产生新鲜感，进而对喝奶较有兴趣。

宝宝的照护

脐带的护理对宝宝来说非常重要，因为照护不当可能会造成感染发炎。对脐部的照护，又以对脐带的护理最为重要。

在宝宝的脐带脱落之前，维持脐带的清洁和干燥是最为主要的任务。清洁方面，包扎脐带的纱布要保持干净；在洗完澡后，爸妈要帮宝宝用棉花棒沾酒精对脐带和脐部进行消毒；另外，在脐带即将脱落之际，会随之在脐部出现少许的分泌物，要定时清理；且要注意观察包扎脐带的纱布有无渗血现象，若渗血较多，应将脐带扎紧一些。干燥方面，保持脐带干燥可以帮助脐带更快脱落，因此如果包扎的纱布湿了，要及时换新的；此外，上面所提到的对脐带和脐部进行酒精消毒，对脐带也具有干燥作用。

宝宝照护 Q&A

脐带脱落后该怎么办？

刚刚我们教导爸妈，在宝宝脐带脱落前，要对宝宝的脐带进行清洁及干燥，而在脐带脱落后，爸妈依然要专注于脐部的护理。此时可以给婴儿洗盆浴，但在洗澡后必须擦干婴儿身上的水分，并用酒精擦拭肚脐，保持脐部清洁和干燥。

出现在脐部根部的结痂须待其自然脱落。若出现肉芽肿的话，代表脐带可能脱落不完整，或是脐部有发炎现象，此时爸妈就要找医生对脐肉芽肿进行电烧的医疗处理。若脐带根部发红、湿润出水，或是脱落以后伤口不愈合，通常是脐部发炎的初期症状，此时必须就医。要避免肚脐发炎，爸妈必须做好清洁工作，且要防止宝宝去抠抓肚脐。

触觉游戏：拉拉小手

1.把宝宝放在双膝上，两眼直视地看着他。

2.把你的食指放在宝宝的手里，说："拉把手！"

3.宝宝很可能会抓紧你的手指，这是他的自然反应。

宝贝又长大咯!

宝宝开始迈入学习社会化的关键时期

照片黏贴处

妈妈笔记

照片黏贴处

宝宝生活与成长记录表

⏰	Day1	Day2	Day3	Day4	Day5	Day6	Day7	
🛒								头围
🍼								
💩								体重
🦆								
🧸								身高
👖								

⏰ 时间　🛒 睡觉　🍼 喝奶　💩 便便　🦆 洗澡　🧸 玩耍　👖 尿布

Part.2
第二个月的
宝宝

宝宝这样照顾
发育、饮食、照护
生活细节知识一把抓

来到宝宝出生的第二个月，此时的宝宝长大得更快了，发育明显比第一个月来得更加良好。

宝宝的发育

经过一个月的生长发育，宝宝的体重比初生时候增加了700~1200克，若是以配方奶喂养的宝宝，体重可能增长更快，可增加1500克或更多。但宝宝的增长并不是均衡的，而是呈阶梯性或跳跃性，因此若是长得较慢，只要排除疾病的可能性，爸妈也不需太过担心。

这个月宝宝身高增长也是比较快的，一个月可长3~5厘米。影响身高的因素很多，喂养、营养、疾病、环境、睡眠、运动等。如果身高增长明显落后于平均值，要及时看医生。

宝宝的饮食

有几种方法可以提高母乳的品质：首先，妈妈自身要怀有哺乳婴儿的强烈愿望，这是确保泌乳的重要内在动力；第二，妈妈要加强营养以保证乳汁的品质，多吃高蛋白和富含维生素、矿物质的食物，同时，妈妈应多喝水，以及一些容易发奶的汤类，使泌乳量增多；第三，妈妈保持心情舒畅、精神愉快，可使乳汁分泌充足。若妈妈经常处于紧张、忧虑、烦躁的状态下，会使乳量减少甚至回奶；第四，睡眠充足、注意休息，会使泌乳量增加。

宝宝的照护

好奇心常使宝宝的小手到处乱摸、乱碰，因此爸妈要做好宝宝手部与脸部的清洁。首先，给宝宝洗手时动作要轻柔。因为这时的宝宝皮下血管丰富，而且皮肤细嫩，所以妈妈在给宝宝洗脸、洗手时，动作一定要轻柔，否则容易使宝宝的皮肤受到损伤甚至发炎。

其次，要准备专用清洁用具。为宝宝洗脸、洗手，一定要准备专用的小毛巾，专用的脸盆在使用前要清洗干净。另外，水温要调到适中。

此外，要注意洗脸时不要把水弄到宝宝的耳朵里，洗完后要用洗脸毛巾轻轻擦去宝宝脸上的水，不能用力擦。由于宝宝喜欢握紧拳头，因此洗手时妈妈或爸爸要先把宝宝的手轻轻扒开，手心手背都要洗干净再用毛巾擦干。

宝宝照护 Q&A

如何帮宝宝洗头？

给宝宝洗头一般每天1次，在洗澡前进行。可根据季节作适当调整，如在炎热的夏天，宝宝出汗多，可在每次洗澡时都洗一下头，但不用每次都用洗发水，只用清水淋洗一下就可以了。在寒冷的冬季可2～3天洗1次。宝宝洗头宜选用婴儿专用洗发乳或婴儿专用肥皂。

洗头时，父母可把婴儿挟在腋下，用手托着婴儿的头部，然后用另外一只手为婴儿轻轻洗头。注意不要让水流到婴儿的眼睛及耳朵里面。洗完之后赶紧用干的软毛巾擦干头上的水分。

另外，要提醒爸妈，若是带宝宝去外面的美发店剪头发，也要注意美发师所使用的洗发精是否品质良好，否则可能使宝宝的头皮受到刺激而发炎。

促进肌肉发展游戏：拉拉小腿

1.让宝宝平躺，小心拉直宝宝的腿。

2.拉直以后，轻拍宝宝的脚底。

3.宝宝就会向下伸直脚趾并屈膝。

宝贝又长大咯!

宝宝开始迈入学习社会化的关键时期

照片黏贴处

妈妈笔记

照片黏贴处

宝宝生活与成长记录表

⏰	Day1	Day2	Day3	Day4	Day5	Day6	Day7	
🛒								头围
🍼								
💩								体重
🦆								
🐷								身高
👙								

⏰ 时间　🛒 睡觉　🍼 喝奶　💩 便便　🦆 洗澡　🐷 玩耍　👙 尿布

宝宝这样照顾
发育、饮食、照护
生活细节知识一把抓

此时的宝宝，五感能力已比初生时进步许多，爸妈可开始跟宝宝玩训练五感的小游戏。

宝宝的发育

这个时期婴儿视觉能力进一步增强，视觉集中的现象也愈来愈明显，喜欢看熟悉的大人的脸。宝宝眼睛清澈了；眼球的转动灵活了；哭泣时眼泪也多了；两眼的肌肉已能协调运动，不仅能注视静止的物体，还能跟着物体而转移视线，注意力集中的时间也逐渐延长。但是注视距离仍只有15～25厘米。

宝宝的饮食

之前提过，此时期妈妈可以依照"喂养"的原则喂奶，要婴儿想吃母乳，妈妈就给予足够的量，这是尊重婴儿的授乳方法，也可以说是最自然的方法。但在这段时间，妈妈会比较辛苦，不固定的喂奶时间也会对妈妈的日常生活及睡眠造成影响。

但妈妈不用担心，因为新生儿只有在出生1～2周内，喝奶的次数比较多。到了3～4周之后，宝宝喝奶的次数会明

小知识补充

记住爸爸与妈妈的脸

此时宝宝对看到的东西的记忆能力增强，爸爸妈妈多与宝宝做视觉上的交流可增进感情。

显减少，每天有7~8次，很多时候整个后半夜都在睡觉，可以维持5~6个小时不喝奶。

妈妈不用担心的另一个原因是：随着时间的推进，不久后宝宝就会自然形成规律的喝奶时间。到出生第二个月后，婴儿昼夜的节奏大都已经确立，白天的睡眠时间会减少许多，妈妈若能在此时期形成晚上就寝前喂饱宝宝的习惯，就不需要半夜起来授乳了。

不过，所有习惯，都是在不强迫及不影响宝宝生活作息的前提之下而形成的。如果因为想要严格规范孩子，效果绝对适得其反。

接着我们以步骤图教导妈妈如何喂配方奶：

让宝宝呈现斜躺姿势，躺在妈妈的怀里

触碰宝宝靠近妈妈身体一侧的脸颊，可使宝宝转过来，以便喂奶

妈妈要斜着拿奶瓶，并让奶嘴里充满奶

当宝宝喝完奶，妈妈要将奶瓶拿离宝宝的嘴

如果宝宝不肯让妈妈拿走奶瓶，妈妈可将小指沿奶嘴放入宝宝嘴里

宝贝又长大咯！

宝宝开始迈入学习社会化的关键时期

照片黏贴处

妈妈笔记

照片黏贴处

宝宝生活与成长记录表

⏰	Day1	Day2	Day3	Day4	Day5	Day6	Day7	
🛒								头围
🍼								
💩								体重
🐣								
🧸								身高
🩲								

⏰ 时间　🛒 睡觉　🍼 喝奶　💩 便便　🐣 洗澡　🧸 玩耍　🩲 尿布

宝宝这样照顾
发育、饮食、照护
生活细节知识一把抓

宝宝在此时期也会展现出与爸妈的语言和情感交流，爸妈会欣喜地感到与宝宝的感情加深。

宝宝的发育

这时的宝宝已经有表达的意愿，并且能够笑出声了，当爸妈和宝宝说话时，宝宝的小嘴会做说话动作，这就是宝宝想模仿爸爸妈妈说话的意愿。爸爸妈妈可以多和宝宝说话，开发宝宝的语言学习能力。

除了对爸妈的话语做出反应，宝宝在此时也很喜欢重复如"啊、哦"之类的母音。

另外，此时的宝宝也更会通过情绪来表达自我，如果发脾气，哭声也更大声了。这些都是宝宝与父母沟通的一种方式，父母应对此做出相应的反应。

宝宝的饮食

在母乳喂养时，由于乳汁分泌不足、重返工作岗位等原因，无法坚持纯母乳喂养，此时，除了完全使用配方乳喂养外，妈妈也可以选择混合喂养的方式，即使用配方乳及母乳来哺育宝宝。妈妈要注意，混合喂养的意思，不是把两种奶混在一起给宝宝喝，若是这么做的话，会引起宝宝消化不良以及肠胃不适。在进行新生儿的混合喂养时，一餐只可以喂一种奶，如果喝母乳，这餐就只喝母乳；如果喝配方乳，这餐就只喝配方乳。

宝宝的照护

婴儿的柔软皮肤容易受到尿液中的氨，或是尿布的摩擦刺激，加上其下半身经常跟尿液和其他排泄物接触，导致新生儿容易罹患尿布疹。新生儿中，又以过敏儿和异位性皮肤炎患者更容易有尿布疹。

为了防止尿布疹的发生，爸妈在挑选尿布品牌的时候，必须考虑到尿布的抑菌性、透气性和吸水性，并且挑选有信誉的品牌商家所贩卖的尿布，确保尿布品质；其次，爸妈必须经常为宝宝更换尿布，以降低排泄物对宝宝皮肤的刺激；再者，若是使用可重复使用的环保尿布，必须在清洗尿布时，将清洁剂冲洗干净，否则会对宝宝的皮肤造成负面刺激；最后，为宝宝涂抹滋润皮肤的护肤霜，也有助于降低发生尿布疹的概率。

宝宝照护 Q&A

如何训练宝宝的听觉能力？

此时的宝宝不仅具有听力，还具有声音的定向能力，能够分辨出发出声音的地方，因此可在此时对宝宝的听觉能力进行训练。

除自然存在的声音外，我们还可人为地给婴儿创造一个有声的世界，例如给婴儿买些有声响的玩具——拨浪鼓、音乐盒、会叫的鸭子等。此外，可让婴儿听音乐，有节奏的、优美的乐曲会给婴儿安全感，但播放音乐的时间不宜过长，也不宜选择过于吵闹的音乐。母亲和家人最好能和婴儿说话，亲热和温馨的话语能让婴儿感觉到初步的感情交流。新手妈妈可以和新生儿面对面地谈话，让他注视你的脸，慢慢移动头的位置，设法吸引新生儿视线追随你移动。

促进大脑发育游戏：碰碰额头

1.让你的额头和宝宝的额头贴在一起。

2.轻轻地用力，让宝宝完全能够感觉得到。

3.停下来看着宝宝的眼睛，笑一笑，再摸摸宝宝的额头。

宝贝又长大咯！

宝宝开始迈入学习社会化的关键时期

照片黏贴处

妈妈笔记

照片黏贴处

宝宝生活与成长记录表

🕐	Day1	Day2	Day3	Day4	Day5	Day6	Day7	
🛒								头围
🍼								
💩								体重
🦆								
🐷								身高
👙								

🕐 时间　🛒 睡觉　🍼 喝奶　💩 便便　🦆 洗澡　🐷 玩耍　👙 尿布

宝宝这样照顾
发育、饮食、照护
生活细节知识一把抓

到了第二个月的最后一周，看得出来宝宝已经比初生时更加能够适应环境了，许多生活习惯也都会在此时逐渐形成。

宝宝的发育

宝宝刚出生时，平均头围为34厘米，到第二个月会增长3～4厘米，此时男宝宝头围平均约41厘米，女宝宝头围约40厘米。

经常会有爸爸妈妈为了孩子头围比正常平均值差0.5厘米，甚至是0.3厘米而焦急万分。事实上除了先天性疾病，健康的宝宝还是占绝大多数的，有病的宝宝毕竟是少数。不过头围反映了脑和颅骨的发育程度，并为大脑发育的直接表征，因此还是可作为爸妈和医生对于宝宝发育的指标。

宝宝的饮食

当婴儿无法直接吮吸母乳，或是母亲的乳头发生问题，或者有些母亲尽管在坚持工作，但仍然希望以母乳喂养孩子，这些情况下，就可以以吸乳器作为辅助工具，挤出积聚在乳腺里的母乳。

吸乳器有分电动型和手动型。在使用吸乳器时，妈妈可先用薰蒸过的毛巾使乳房温暖，并进行刺激乳晕的按摩，使乳腺充分扩张。再按照符合自身情况的吸力进行吸奶。吸奶的时间应控制在20分钟以内。若乳房和乳头有疼痛感的时候，请停止吸奶。

宝宝的照护

有些爸爸妈妈在冬季里怕宝宝睡觉着凉，为宝宝盖上厚厚的被子。比较厚的被子往往过重，宝宝负重很大，甚至还可能会引起呼吸不畅，而且被子中过高的温度往往会令宝宝烦躁不安甚至哭闹不停，影响宝宝的睡眠质量。因此，在宝宝睡觉时不要捂得太严实，与室温相适宜即可。

新生儿睡眠时最好采取左侧卧的姿势。因为新生儿出生时会保持在胎内的姿势，四肢仍屈曲。如果将新生儿背朝上俯卧，他会将头转向一侧，以免上鼻道受堵而影响呼吸。

了解新生儿喜欢的卧姿，并不应该勉强将新生儿的手脚拉直或捆紧，否则会使新生儿感到不适，影响睡眠、情绪和进食，健康当然就得不到保证了。

宝宝照护 Q&A

该如何使宝宝拥有良好的睡眠习惯？

这个月的宝宝比上个月的睡眠时间有所减少，觉醒的时间越来越长，每天的睡眠时间一般在16~18小时。

这时期爸爸妈妈最怕的是宝宝日夜颠倒，白天呼呼大睡晚上又变得特别精神。为了让宝宝固定睡眠时间，白天要适当让宝宝活动一下，每次时间不要太长，这样，体力被消耗的宝宝在晚上就很容易睡觉，但注意不要让宝宝玩得太累；另外，晚上睡觉时，不要抱着睡或边喝母乳边睡；最后，爸爸妈妈可以给宝宝建立一套睡前模式：每天临睡之前先给宝宝洗个热水澡，换上睡觉的衣物。睡觉前和宝宝说说话，念一两首儿歌，尿一次，然后播放固定的睡眠曲，最后关灯，不要再打扰宝宝。

学习辨认游戏：谁的帽子

1.挑选不同的帽子戴在头上。

2.在你戴不同帽子的时候，嘴里唱："帽子，帽子，妈妈的帽子。"

3.把帽子戴在宝宝的头上，唱："帽子，帽子，宝宝的帽子。"

宝贝又长大咯!

宝宝开始迈入学习社会化的关键时期

照片黏贴处

妈妈笔记

照片黏贴处

宝宝生活与成长记录表

🕐	Day1	Day2	Day3	Day4	Day5	Day6	Day7	
�baby								头围
🍼								
💩								体重
🦆								
🐷								身高
🩲								

🕐时间　�睡觉　🍼喝奶　💩便便　🦆洗澡　🐷玩耍　🩲尿布

Part.3
第三个月的宝宝

宝宝这样照顾

发育、饮食、照护

生活细节知识一把抓

转眼间宝宝出生已经满两个月了，宝宝看起来已明显长大许多，爸妈在此周要注意哪些事项呢？

宝宝的发育

第三个月开始，宝宝的生长会比前三个月来得缓慢一些，此时孩子看起来有点儿圆胖，但当他更加主动地使用手和脚时，肌肉就开始发育，脂肪将逐渐消失。第三个月时，身长较初生时增长约四分之一，体重已比初生时增加了一倍，男宝宝体重平均为6千克，身长平均61厘米，头围约41厘米；女宝宝体重平均为5.4千克，身长平均为59.5厘米，头围40厘米。

此时孩子头上的囟门外观仍然开放而扁平，不过后囟门将会逐渐闭合，而前囟门还要再过一阵子才会闭合。

宝宝的饮食

哪些妈妈不适合进行母乳喂养？

1.患有慢性病，且需长期用药的妈妈不宜母乳喂养。

2.患有严重心脏病和心功能衰竭的妈妈不宜母乳喂养，以免病情恶化。

3.另外，患有以下疾病的妈妈也不宜母乳喂养：如产后抑郁症、乳头疾病、严重的产后并发症、红斑性狼疮、恶性肿瘤、严重肾脏疾病、肾功能不全以及严重精神病等。

4.处于细菌或病毒急性感染期的妈妈不宜母乳喂养，以免致病的细菌或病毒通过乳汁传给宝宝。

5.正在进行放射性碘治疗的妈妈不宜母乳喂养。

宝宝的照护

尿布的使用看似简单，但其中却有许多小技巧以及该注意的事项，以下的小细节提醒爸妈留意：

1.尿布品质很重要

爸妈要选择品质好、品质合格、大小合适的尿布，并注意使用方法要正确，否则可能引起尿布疹。

2.尿布松紧度适中

如果让宝宝的小屁股一直处于尿布过紧的包裹之下，可能会影响到宝宝的正常生长发育，甚至会造成尿道感染、肛门瘘管等疾病。因此，爸爸妈妈在为宝宝穿尿布时，一定注意不要包得太紧。

宝宝照护 Q&A

如何预防宝宝尿布疹？

1.经常更换尿布

爸妈要经常为宝宝更换尿布，如此才能保持臀部的洁净和干爽，以预防尿布疹。刚出生的宝宝皮肤极为娇嫩，如果长期浸泡在尿液中或透气性较差的尿布中，并造成臀部潮湿的话，就会出现尿布疹，臀部会有红色的小疹子、发痒肿块或是皮肤变得比较粗糙。

2.腹泻也要预防尿布疹

如果宝宝腹泻的话，除了要治疗腹泻外，还要每天在臀部涂上防止尿布疹的药膏。

听觉游戏：轻轻摇篮曲

1.在宝宝的小床边放一台音响。

2.选择播放一些柔和的乐曲。

3.宝宝张开眼的时候，妈妈可以对他说："乖宝宝，听一听！"

4.妈妈也轻声地跟着哼音乐。

宝贝又长大咯!

宝宝开始迈入学习社会化的关键时期

照片黏贴处

妈妈笔记

照片黏贴处

宝宝生活与成长记录表

🕐	Day1	Day2	Day3	Day4	Day5	Day6	Day7	
🛒								头围
🍼								
💩								体重
🐤								
🐷								身高
🩲								

🕐 时间　🛒 睡觉　🍼 喝奶　💩 便便　🐤 洗澡　🐷 玩耍　🩲 尿布

宝宝这样照顾
发育、饮食、照护
生活细节知识一把抓

宝宝出生后第十周，身体机能已逐渐发育成熟，但还是需要爸妈的细心呵护，以预防疾病的产生。

宝宝的发育

宝宝的视觉注意力开始增强，能够注视某些人和事物，更喜欢看妈妈，也喜欢看玩具和食物，尤其喜欢奶瓶；对新鲜事物能够保持更长时间的注视；注视后进行辨别差异的能力也在不断增强。另外，这时候的宝宝开始认识爸爸妈妈和周围亲人的脸，以及识别爸爸妈妈的表情好坏。

宝宝的饮食

奶瓶和奶嘴常会有细菌滋生，加上婴儿抵抗疾病的能力较差，因此要经常清洁与消毒奶瓶和奶嘴。

在消毒之前，必须用水彻底地清洗奶瓶和奶嘴。因为奶瓶和奶嘴的奶粉残渣会形成细菌的繁殖，而且妨碍消毒，因此容易导致细菌感染。要用流动的水清洗奶嘴。另外，为了彻底清除奶嘴上面的残渣，必须从奶嘴外侧开始清洗，然后用同样的方法再清洗奶瓶里面。如

小知识补充

增强宝宝视觉能力

在宝宝的床上方距离眼睛20～30厘米处，挂上色彩鲜艳的玩具，并在婴儿面前触动或摇摆这些玩具。

果用热水清洗，奶粉就会凝固在奶瓶表面，因此要用冷水清洗。

清洗完之后就轮到消毒了。沸水消毒是传统的消毒方法，被许多家庭采用，具体做法是在锅内倒满水，然后烧开，最后放入奶瓶和奶嘴消毒几秒钟。

喂奶时，要特别注意卫生，妈妈要清洁双手后再开始喂养。另外，不干净的毛巾容易传染病菌，因此洗手后最好

使用卫生纸擦干双手。

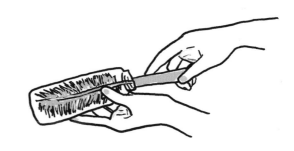

帮宝宝拍嗝

把宝宝放在妈妈的大腿上，轻轻拍打宝宝的后背

抱起宝宝，使宝宝的头部靠在妈妈的肩膀上，轻轻拍打宝宝的后背

把宝宝放在膝盖上，用双手支撑宝宝的头部和后背，轻轻拍打宝宝的后背。宝宝可独立支撑头部时才可使用此方法

视觉游戏：红红的小嘴

1.摸摸宝宝的小嘴，说："看！红红的小嘴巴。"

2.握着宝宝的手来摸你的嘴，再说："看！红红的小嘴巴。"

3.刚出生的宝宝对离自己10厘米的东西看得最清楚，因此可借此游戏训练宝宝的视觉。

宝贝又长大咯!

宝宝开始迈入学习社会化的关键时期

照片黏贴处

妈妈笔记

照片黏贴处

宝宝生活与成长记录表

🕐	**Day1**	**Day2**	**Day3**	**Day4**	**Day5**	**Day6**	**Day7**	
🚼								头围
🍼								
💩								体重
🛁								
🎏								身高
👙								

🕐 时间　🚼 睡觉　🍼 喝奶　💩 便便　🛁 洗澡　🎏 玩耍　👙 尿布

宝宝这样照顾
发育、饮食、照护
生活细节知识一把抓

宝宝在此时会更加喜欢与大人对话，除了语言能力的增进，宝宝在视觉能力上也会有进展，已开始可以区别颜色了。

宝宝的发育

这个阶段宝宝喜欢与大人对话，并且能够自言自语；能喊叫也能轻语，大声笑，发出平稳哭泣声；能对音调进行模仿，嘴里还会不断地发出咿呀的学语声；能发的音增多，且可以发出清晰的母音，如啊、噢、呜等。这个时候和宝宝面对面时，要让他看着你的嘴形，重复发这些单音，让他模仿。

当宝宝躺着时，如果有物体从身体上方越过，宝宝便会立刻注视；慢慢会区别颜色，偏爱的颜色依次为红、黄、绿、橙、蓝。

宝宝的饮食

母乳完整地具备了帮助婴儿抵御疾病的免疫物质，因其含有维持婴儿发育与健康的必需成分，且全部都是以最适当的浓度存在。因此喂养母乳是婴儿最容易接受的方式，也最能将营养适量地提供给婴儿。

除了在营养方面对婴儿有极大益处，母乳喂养也可帮助宝宝的情感发展。医学报告指出，授乳与哺乳的过程在母子之间的情感交流中，扮演着相当关键的角色。通过此种亲密的授乳过程，母子之间因皮肤接触而萌生深厚的情感。

宝宝的照护

婴儿往往有啃咬玩具的习惯，所以应该经常给玩具消毒，特别是那些塑胶玩具，更应天天消毒，否则可引起婴儿消化道疾病。

对不同的玩具应有不同的消毒方法，塑胶玩具可用肥皂水、漂白粉、消毒片稀释后浸泡，半小时后用清水冲洗干净，再用清洁的布擦干净或晾干；布制的玩具可用肥皂水刷洗，再用清水冲洗，然后放在太阳光下曝晒。耐湿、耐热、不褪色的木制玩具，可用肥皂水浸泡并用清水冲后晒干。铁制玩具在阳光下曝晒六小时可达到杀菌效果。

由于婴儿爱将玩具放在口中，加之婴儿抵抗力低下，所以不要给婴儿玩一些不易消毒的或带有绒毛的玩具。另外，在购买玩具时，爸妈也一定要确保玩具的品质，选择经政府认证的玩具，以免黑心玩具对宝宝造成伤害。

宝宝照护 Q&A

如何安全地带宝宝外出？

大部分婴儿车都配有安全带，爸妈不应购买没有安全带的婴儿车；且为宝宝准备的婴儿车也应配有遮阳的装置，以免宝宝在炎热的夏季晒伤。

此外，在选购婴儿外出物品时，爸妈亦必须考虑到自身的生活模式，以选择适合的商品。例如：若婴儿经常随父母坐车，则必须在汽车上安装宝宝安全座椅。

另外，在外出时，也可以使用方便的婴儿背带，让爸妈在抱宝宝时能够更加省力。婴儿背带也可以在家中哄宝宝睡觉时使用。

携带婴儿的用品必须以轻便、坚固和便利性为主要考量。轻便可以使爸妈更加无负担；坚固性可确保宝宝安全；便利性可让爸妈携带更加方便。

视、听觉游戏：小沙锤

1.爸爸妈妈站在宝宝面前，边摇小沙锤边唱《王老先生有块地》："小沙锤呀，沙沙沙，咿呀——咿呀——呦。"

2.确定宝宝看着小沙锤时，把它慢慢移向另一侧再唱一遍。

宝贝又长大咯！

宝宝开始迈入学习社会化的关键时期

照片黏贴处

妈妈笔记

照片黏贴处

宝宝生活与成长记录表

⏰	**Day1**	**Day2**	**Day3**	**Day4**	**Day5**	**Day6**	**Day7**	
🛒								头围
🍼								
💩								体重
🐣								
🐷								身高
🩲								

⏰时间　🛒睡觉　🍼喝奶　💩便便　🐣洗澡　🐷玩耍　🩲尿布

宝宝这样照顾
发育、饮食、照护
生活细节知识一把抓

第三个月一眨眼来到了尾声，宝宝不仅在各方面的发展皆已逐渐成熟，也开始展现社会性的一面，会观察爸妈的反应，并给予回应。

宝宝的发育

到第三个月尾声时，孩子可能已经学会掌握用"微笑"与人交谈的方法，有时他会用咯咯笑来引起你的注意。在其他时间，他会躺着等待，观察你的反应直到你开始微笑，然后他也会以喜悦的笑容作为回应。他的整个身体会用以下这种方式表现：手张开，一只或两只手臂上举，而且上下肢可以随你说话的音调进行有节奏的运动。他也会模仿你的脸部运动，你说话时他会张开嘴巴，并睁开眼睛；如果你伸出舌头，他也会做同样的动作。

宝宝的饮食

有些妈妈为了哄婴儿睡觉，常常把乳头放在婴儿嘴里，让婴儿边吃奶边睡觉。这种做法是不适当的，因为婴儿鼻腔狭窄，睡觉时常常口鼻同时呼吸，含乳头睡觉会有碍其口腔呼吸，而且这种不良习惯还可能影响孩子牙床的正常发育以及口腔的清洁卫生；另外，如果母亲不自觉地翻身，可能会压迫到睡在身旁含着乳头的婴儿，易造成其窒息而死亡；经常让婴儿含着乳头睡觉，还容易使母亲的乳头裂开，并且容易养成婴儿离开乳头就睡不着觉的坏习惯。

宝宝的照护

宝宝流口水可分为生理性与病理性，针对不同表征应采取以下不同的措施：

生理性流口水：三、四个月的婴儿唾液腺发育逐渐成熟，唾液分泌量增加，但此时孩子吞咽功能尚不健全，口腔较浅，闭唇与吞咽动作尚不协调，所以会经常流口水。而孩子长到六、七个月时，唾液腺已发育成熟，流口水的现象将更为明显。此种生理性的流口水现象会随着孩子的生长发育自然消失。

病理性流口水：当孩子患有某些口腔疾病，如口腔炎、舌头溃疡时，口腔会十分疼痛，甚至连咽口水也难以忍受，唾液因不能正常下咽而不断外流。这时，流出的口水常为黄色或粉红色的，有臭味。爸妈若发现这情况，应带孩子去医院检查和治疗。

宝宝照护 Q&A

如何帮宝宝穿衣服？

在给宝宝穿背心或紧身衣裤时，尽量用手撑开衣物的领口。这会让你在把衣服往宝宝头上套时更加轻松，而且还能避免衣服刮到宝宝的鼻子或耳朵；套衣服时动作尽量快，因为宝宝不喜欢自己的脸长时间被遮住；如果是长袖衣服，应尽可能地把袖子往上拉拢。手指穿过袖子，轻轻握住宝宝的小手，将袖子往他的胳膊上套，而不要用力拉着宝宝的小胳膊往袖子里穿。穿好一只衣袖后用同样方法再穿另一只；穿连身睡衣时，先解开所有的扣子，将衣服平放在床上。把宝宝抱到衣服上，轻柔而灵活地把裤脚穿到宝宝的脚上，按先前的方法再穿上衣袖，最后从脚部往上扣好衣扣。

学习辨认游戏：甜甜的吻

1.说："我爱你的鼻子，鼻子，鼻子。"

2.说："我爱你的肚子，肚子，肚子。"

3.重复这个游戏，说出宝宝每一个身体部位的名称，并亲吻。

宝贝又长大咯!

宝宝开始迈入学习社会化的关键时期

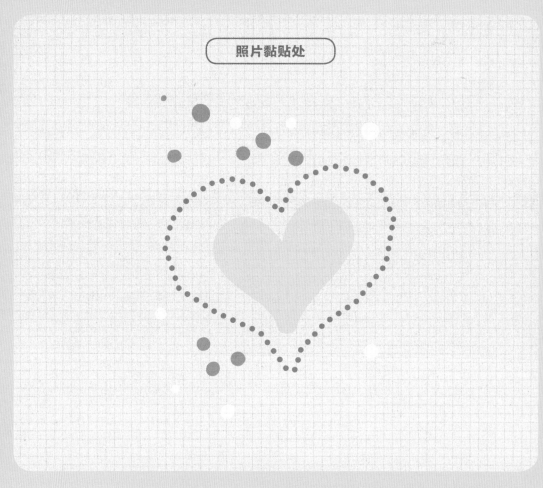

照片黏贴处

妈妈笔记

照片黏贴处

宝宝生活与成长记录表

⏰	Day1	Day2	Day3	Day4	Day5	Day6	Day7	头围
🚼								
🍼								体重
💩								
🛁								身高
🧸								
🩲								

⏰ 时间　🚼 睡觉　🍼 喝奶　💩 便便　🛁 洗澡　🧸 玩耍　🩲 尿布

Part.4
第四个月的宝宝

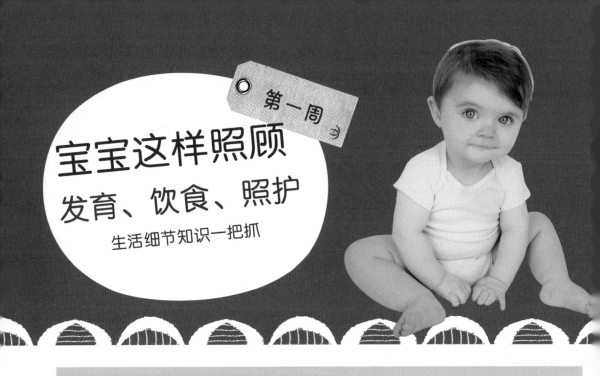

宝宝这样照顾
发育、饮食、照护
生活细节知识一把抓

宝宝出生已经满三个月了，此时的宝宝模样更加讨人喜爱。此月也是爸妈可以给宝宝开始添加副食品的好时机，为宝宝补充丰富的营养，并让宝宝逐渐适应成人食物。

宝宝的发育

此时的宝宝更惹人喜爱了，眼睛的黑眼球很大，眼神清澈透亮，会用惊异的神情望着陌生人；如果大人对着宝宝笑，宝宝就会回报一个愉悦的笑容。

这个月宝宝的增长速度较前三个月要缓慢一些，满三个月的男宝宝体重为4.1～7.7千克，女宝宝体重为3.9～7.0千克。这个月的宝宝体重可以增加0.9～1.25千克。

这个月男宝宝的身高为55.8～66.4厘米，女宝宝身高为54.6～64.5厘米。这个月宝宝的身高增长速度与前三个月相比也开始减慢，一个月增长约2厘米。

宝宝的饮食

一般从四至六个月开始就可以给宝宝添加副食品了，但每个宝宝的生长发育情况不一样，因此添加副食品的时间也不能一概而论。因此我们提供以下几点指标，给爸妈作为添加副食品的参考：

1.体重：婴儿体重需要达到出生时的2倍，至少达到6千克。

2.发育：宝宝可以通过转头、前倾、后仰等方式来表示想吃或不想吃，这样就不会发生强迫喂食的情况。

3.吃不饱：每天喂养次数增加了，但宝宝仍处于饥饿状态，一会儿就哭，一会儿就想吃。

宝宝的照护

现在购买奶粉途径很多，购买时要检查奶粉的生产日期、保存期限等。在打开奶粉包装盖或剪开袋子后，要观察奶粉的外观、形状、干湿、有无结块、杂质等，也要注意奶粉的溶解度、是否黏瓶等。并尽量在开封后一个月内吃完。

无论什么牌子的奶粉，基本原料都是牛奶，只是添加一些维生素、矿物质、微量元素，其含量不同，有所偏重。只要是国家批准的正规厂家生产、正规渠道经销的奶粉，适合这个月宝宝的都可以选用。选用时要看清楚生产日期、有效期限、保存方法、厂商地址和电话、奶粉的成分以及含量等。没有特殊情况尽量不要更换奶粉的种类，否则可能导致宝宝消化功能紊乱和喂哺困难。

宝宝照护 Q&A

如何选购最适合宝宝的奶粉？

1.依宝宝的年龄选择

不同的婴儿时期所需要的奶粉有不同的特性，因此爸爸妈妈在挑选时，必须依照宝宝的年龄作为选择的依据。

2.按宝宝的健康需求选择

例如：早产儿消化系统的发育较顺产儿差，可选早产儿奶粉，待其体重发育至正常（大于2500克）才可更换成婴儿配方奶粉；对缺乏乳糖酶的宝宝、患有慢性腹泻导致肠黏膜表层乳糖酶流失的宝宝、有哮喘和皮肤疾病的宝宝，可选择脱敏奶粉。

3.与母乳成分相似度愈高愈好

选购配方奶时最好选 α–乳清蛋白含量较接近母乳的配方奶粉，因为 α–乳清蛋白能提供最接近母乳的氨基酸组合；另外，α–乳清蛋白还含有调节睡眠的神经递质，有助于婴儿睡眠，促进大脑发育。

听觉游戏：花儿真香

1.抱着宝宝去看不同的鲜花。尝试用不同色彩的花吸引宝宝的注意力，在安全的情况下让宝宝靠近花朵。

2.嘴里轻轻念着："花儿，花儿，好香！"

3.让宝宝闻花香，感受不同的气味。

宝贝又长大咯!

宝宝开始迈入学习社会化的关键时期

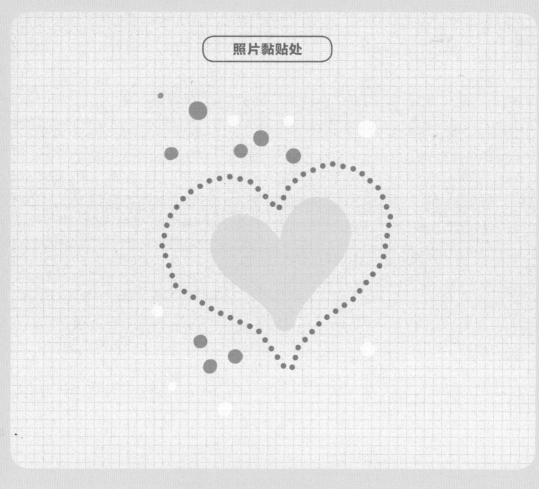

照片黏贴处

妈妈笔记

照片黏贴处

宝宝生活与成长记录表

🕐	Day1	Day2	Day3	Day4	Day5	Day6	Day7	
�baby								头围
🍼								
💩								体重
🛁								
🧸								身高
👙								

🕐 时间　�baby 睡觉　🍼 喝奶　💩 便便　🛁 洗澡　🧸 玩耍　👙 尿布

宝宝这样照顾
发育、饮食、照护
生活细节知识一把抓

宝宝出生后第十四周，视觉能力将更加进步，并开始有动态视觉能力，此时是训练宝宝视觉的好时机。

宝宝的发育

在这个月，宝宝的视力范围可以达到几米远，而且将继续扩展。宝宝眨眼次数增多，可以准确看到面前的物品，还能够辨别出红色、蓝色和黄色之间的差异。眼球能上下左右移动注意一些小东西，如桌上的小玩具；当宝宝看见妈妈时，眼睛会紧跟着妈妈的身影移动。

宝宝的饮食

妈妈要挑选宝宝喜欢的副食品，如果宝宝对某种副食品表现出抗拒，喂到嘴里就吐出来，或用舌尖把它顶出来，或是用小手把饭勺打翻、把脸扭向一边的话，就表示宝宝可能不爱吃这种副食品。这时候妈妈不应强迫宝宝吃，可以先暂停喂这种食物，过几天后再试着喂一次，如果连续喂两三次宝宝都不吃的话，那么妈妈应该要尝试以别种副食品来喂养宝宝。

不过妈妈要谨记，副食品在此时只

小知识补充

增强宝宝视觉能力

此时的宝宝能追视物体，因此可以和宝宝多玩丢接球游戏，让宝宝练习用眼睛追视物体。

是母乳的辅助角色而已。

宝宝的照护

宝宝在一岁以前，踝关节和髋关节都尚未稳定。学步车对宝宝的肢体发育是很不利的，可能会导致肌张力高、屈髋、下肢运动模式出现异常等问题，会直接影响宝宝将来的步态，如走路摇摆、踮脚、足外翻、足内翻等，严重的甚至还需要通过手术和康复治疗来纠正。

宝宝照护 Q&A

此时训练宝宝走路好吗？

由于婴儿发育刚刚开始，身体各组织十分脆弱，骨骼柔韧性强而坚硬度差，在外力作用下虽不易断折，但容易弯曲、变形。如果让小孩过早学站立、学走路，就会因下肢、脊柱骨质柔软脆弱而难以承受超负荷的体重，不仅容易疲劳，还可使骨骼弯曲、变形，出现"O型腿"或"X型腿"。因此，一般应该在孩子出生十一个月以后，再学走路为宜。

让宝宝坐在舒适的地上	妈妈在离宝宝一米的地方蹲下来，手里拿着玩具，吸引宝宝爬行抓取	妈妈慢慢地站起来，手里的玩具跟着慢慢抬高，鼓励宝宝站起来抓取

宝贝又长大咯！

宝宝开始迈入学习社会化的关键时期

照片黏贴处

妈妈笔记

照片黏贴处

宝宝生活与成长记录表

	Day1	Day2	Day3	Day4	Day5	Day6	Day7	
								头围
								体重
								身高

⏰时间　🛏睡觉　🍼喝奶　💩便便　🦆洗澡　🐱玩耍　👙尿布

第三周

宝宝这样照顾
发育、饮食、照护
生活细节知识一把抓

宝宝在此时期的情感认知和与爸妈的交流程度皆大幅增进。除此之外，语言能力也有进一步地提升。

宝宝的发育

这个时期的孩子在语言发育和感情交流上进步较快。高兴时，会大声笑，笑声清脆悦耳。当有人与他讲话时，他会发出咯咯咕咕的声音，好像在跟你对话。对自己的声音感兴趣，可发出一些单音节，而且不停地重复。能发出高声调的喊叫或发出好听的声音。

这个月，宝宝的语言能力和模仿能力也有了进一步提高，如果大人发出"baba"、"mama"等简单音节的话，宝宝就会跟着模仿；如果爸爸妈妈呼唤他的名字，宝宝会注视着大人微笑。

宝宝的饮食

许多父母怕婴儿嚼不烂食物，吃下去不易消化，就自己先嚼烂后再给宝宝吃，有的甚至嘴对嘴喂，有的则用手指头把嚼烂的食物抹在宝宝嘴里。这样做是很不卫生的，因为大人的口腔里常带有病菌，很容易把病菌带入宝宝的嘴里，大人抵抗力较强，一般带菌不会发生疾病，而婴儿抵抗力非常弱，很容易传染上疾病。因此，爸妈要避免这么做，如果有婴儿不能嚼或不容易嚼烂的食物，最好先行煮烂、切碎，再用小匙喂给婴儿吃。

宝宝的照护

有的婴儿啼哭起来十分有规律、时间很长，又没有明显的原因。这种情况下，宝宝可能是患有腹痛。

约1/5的宝宝会患上这种疾病。没有人确切地指出腹痛究竟是由什么引起的，但目前已经有许多理论上的研究。腹痛有时可能是因为宝宝对奶粉产生了过敏反应，而对于母乳喂养的宝宝，则有可能是对母亲吃的某种食物过敏。

另外，宝宝也有可能出现由于胃酸反流或肠胃胀气导致的不适。然而，许多情况下，腹痛只是一个敏感的宝宝对于一天中所受的各种刺激所产生的反应，爸妈不需要太过担心，但如果宝宝不停地哭闹，还是必须带宝宝去医院或诊所做详细检查，以排除如肠套叠等疾病的可能。

宝宝照护 Q&A

如何安慰腹痛的宝宝？

当宝宝开始不停地哭闹，可能是因为宝宝出现了腹痛的现象。这时爸妈要做的，首先是减少外部的刺激，要关掉灯、音乐和电视。然后采取下列措施：

1.用一条薄的毛毯或者围巾包裹好宝宝。

2.抱紧宝宝，用前臂捧起宝宝，轻轻按压宝宝的腹部。

3.在宝宝耳边发出"嘘"声。

4.把宝宝抱在怀里轻轻摇晃。

5.让宝宝的小嘴含吸某物品，如你的小手指或者奶嘴。

语言游戏：爸爸、妈妈

1.面对宝宝，对宝宝说"爸爸"、"妈妈"，并试着引导宝宝发出"爸爸"、"妈妈"。

2.当宝宝发出"爸爸、妈妈"等词时，及时重复并变成句子，如"妈妈爱宝宝"、"爸爸爱宝宝"。

宝贝又长大咯!

宝宝开始迈入学习社会化的关键时期

照片黏贴处

妈妈笔记

照片黏贴处

宝宝生活与成长记录表

	Day1	Day2	Day3	Day4	Day5	Day6	Day7	
								头围
								体重
								身高

⏰时间　🛒睡觉　🍼喝奶　💩便便　🛁洗澡　🎀玩耍　尿布

第四周

宝宝这样照顾
发育、饮食、照护
生活细节知识一把抓

一眨眼一个月又过去了，宝宝在此时的肢体活动将会有惊人的进展，那就是可以坐起来了！

宝宝的发育

这个月宝宝有了个新的变化——能够坐起来了！宝宝的肢体能够随意地运动了，如果用双手扶着宝宝腋下，宝宝能在床上或大人腿上站立两秒钟以上；宝宝仰卧时，如果在他的上方悬挂玩具，他能够伸手抓住玩具；双手协调性增强，能够先后用两手同时抓住两块积木。

宝宝亦开始可以用肘部支撑起头部和胸部，并根据自己的意愿向四周观看。你会察觉到孩子会自主地屈曲和伸直腿，随后他会尝试弯曲自己的膝盖。

宝宝的饮食

母乳喂养的宝宝过敏发生率都比较低，但是如果发现宝宝有过敏，妈妈应该少吃过敏原，如牛奶蛋白、贝类、花生等；配方奶粉喂养的宝宝若出现过敏症状，则应当选用水解蛋白配方粉进行喂养。

另外，给婴儿添加副食品要掌握由一种到多种、由少到多、由细到粗、由稀到稠的原则。每次添加的新食物，应为单一食物，以便观察婴儿胃肠道的耐受性和接受能力，及时发现与新添加食物有关的症状，减少一次进食多种食物可能带来的不良后果。

宝宝的照护

　　爸妈从此月开始，可以试着给宝宝把大小便，让宝宝形成条件反射，为培养宝宝良好的大小便习惯打下基础。父母可以按照孩子自己的排便习惯，先摸清孩子排便的大约时间，与前几个月的方法一样，若发现婴儿有脸红、瞪眼、凝视等神态时，便可抱到便盆前，用嘴发出"嗯、嗯"的声音对婴儿形成作为条件反射，每天应固定一个时间进行，久而久之婴儿就会形成条件反射，到时间就会大便。

　　爸爸妈妈在训练宝宝排便时一定要耐心细致、持之以恒，进行多次尝试。每隔一段时间把一次尿，每天早上或晚上把一次大便，让宝宝形成条件反射，逐渐形成良好的排便习惯。排便时要专心，不要让宝宝同时做游戏或做其他事情。

宝宝照护 Q&A

如何观察宝宝的大便?

1.正常的大便

　　一般为黄色，母乳喂养的宝宝，其粪便通常显得更松软；用奶粉喂养的宝宝，其粪便多为深黄色或浅褐色，而且更为坚硬。

2.绿色的大便

　　某些婴儿配方食品会使宝宝的大便呈绿色。但是，如果大便细长而且散发恶臭，应立即去医院检查。

3.球形的褐色大便

　　如果排出这种粪便，表明宝宝已出现便秘。母乳喂养的宝宝一般不会出现便秘，因为母乳极易吸收；相反地，奶粉喂养的婴儿则经常会出现此类问题。这时应该适当调整宝宝食品比例。

4.非正常的大便

　　若婴儿排出深褐色、黑色、暗红色、血色或是灰白色的大便，皆应尽快就医。

语言游戏：小鸭呱呱呱

1.抱着宝宝，嘴里念着下面的小诗，同时用手指沿着宝宝的一只手臂上下移动："小鸭，小鸭，呱呱呱，沿着小河回我家。呱呱，呱呱，呱呱呱，快点，快点，早回家。"再换另一只手臂。

2."呱呱"这个词要念得富有戏剧性，不久宝宝也会试图发出这个音。

宝贝又长大咯!

宝宝开始迈入学习社会化的关键时期

照片黏贴处

妈妈笔记

照片黏贴处

宝宝生活与成长记录表

🕐	Day1	Day2	Day3	Day4	Day5	Day6	Day7	头围
🚼								
🍼								体重
💩								
🦆								身高
🧸								
🩲								

🕐 时间　🚼 睡觉　🍼 喝奶　💩 便便　🦆 洗澡　🧸 玩耍　🩲 尿布

四月宝宝副食品食谱

胡萝卜

热量 每100克	
35 卡	
胡萝卜素 每100克	
3.6 毫克	

富含β-胡萝卜素、B族维生素、维生素C、铁、钾、蛋白质。

4 个月

狝猴桃萝卜米糊

食材的 挑选

须根少营养多，颜色深甜度高。

挑选剖面细的内芯，口感较好；胡萝卜呈现愈深的橘色，甜度越高；而须根较少的胡萝卜则表示生长状况较佳，具有完备的营养。

准备的 工作

先浸泡，再冲洗，最后去蒂头。

胡萝卜购买回家后，表面常带有土壤，若非立即食用，不要用水清洗，先刷掉土壤，食用前再以刷子在流动小水流下刷洗干净。

保存的 方法

有损伤先挑出，再连同外盒放置冰箱。

买到带叶的胡萝卜，要把叶子立即切下，防止养分流失。胡萝卜切开后，必须以保鲜膜包好后存放在冰箱冷藏，以确保新鲜，且不要放置超过3天。

材料：
（宝宝一餐份）
白米糊60克
狝猴桃15克
胡萝卜10克

制作方法：

1. 胡萝卜去皮，蒸熟，磨成泥。

2. 狝猴桃去皮，磨成泥。

3. 加热白米糊，放入胡萝卜泥和狝猴桃泥，熬煮片刻即可。

小提醒：
用手机扫一扫二维码，视频马上看，让爸妈边看边学！

胡萝卜牛奶汤

红薯胡萝卜米糊

材料：

（宝宝一餐份）

胡萝卜25克
冲泡好的牛奶

制作方法：

1. 胡萝卜洗净后，蒸熟，磨成泥。

2. 将冲泡好的牛奶加热，放入胡萝卜泥，开小火，煮沸即可。

材料：

（宝宝一餐份）

白米粥60克
红薯10克
胡萝卜10克
水适量

制作方法：

1. 将白米粥加适量水，搅拌成米糊；红薯蒸熟后，去皮、磨成泥；胡萝卜削皮后，蒸熟、磨成泥。

2. 加热白米糊，放进红薯泥和胡萝卜泥，熬煮片刻即可。

小提醒：

用手机扫一扫二维码，视频马上看，让爸妈边看边学！

小提醒：

红薯和胡萝卜都含有丰富的β-胡萝卜素，且口感绵密，非常适合宝宝学习吞咽。

Part.5
第五个月的
宝宝

第一周

宝宝这样照顾
发育、饮食
生活细节知识一把抓

来到了第五个月，宝宝在此时的外表明显更加成熟，在运动机能、语言、五感能力方面也都大大增强。

宝宝的发育

这一时期的宝宝变得更可爱了，眉、眼等五官开始展开，脸色红润而光滑，能显露出活泼、可爱的体态。各种能力也大大提高，偶尔做出让爸妈惊喜的行为，带给爸妈与家庭更多的欢乐。

这个月宝宝的体重增长速度开始下降。从这个月开始，宝宝体重平均每月增加0.45~0.75千克。满四个月男宝宝的体重为6.3~8.5千克，女宝宝的体重为5.8~7.5千克。

男宝宝在这个月的身高为58.3~69.1厘米，女宝宝的身高为56.9~67.1厘米。在这个月平均可长高2厘米。

宝宝的饮食

1.腹泻

母乳喂养的婴儿患腹泻者较少，即使患有腹泻，程度也会比喂养配方奶的宝宝轻得多，痊愈也较快，体力恢复得较好。

婴儿患轻度腹泻时，应该坚持母乳喂养，只有在婴儿拒绝吃奶并伴有呕吐时，才可暂停母乳喂养12~24小时。但在此期间母亲必须把奶挤出来，以保持乳腺管的畅通。待婴儿能饮水时，即可恢复母乳喂养。

2.上呼吸道感染

引起上呼吸道感染最常见的原因是感冒。感冒时鼻黏膜分泌物增多，从而堵塞鼻腔导致呼吸困难。这时应将50～100毫升的母乳挤在小碗中，隔水蒸5～10分钟，放凉后用小匙喂给婴儿，有解毒通窍、治疗感冒与鼻塞的作用。

3.肠绞痛

肠绞痛的主要症状为：在特定的时期内无明显诱因的阵发性哭闹，一般多见于晚上，哭闹时两腿屈曲，轻度腹胀，并可听到较响的肠鸣音。新生儿肠绞痛不是一个很严重的问题，若发生肠绞痛，父母应抱着婴儿做些活动，轻抚婴儿，使他安静下来。还可用手掌在孩子的腹部沿顺时针方向慢慢地揉动。

宝宝饮食 Q&A

妈妈感冒后能哺乳吗？

感冒的妈妈身体中的病毒会经由母乳传给宝宝，不过一般来说，在妈妈发现疾病之前，宝宝多半就已经接触到妈妈身上的病毒了。若妈妈继续进行哺乳，可以将妈妈体内对感冒所产生的抗体经由母乳传送给宝宝，如此一来，宝宝体内就存有可以抵御疾病的抗体了，同时也可以增强自身的抗病能力。当然，如果妈妈生病的情况比较严重，则需要视具体情况咨询医生意见。

另外，如果妈妈打算吃感冒药来治疗感冒，绝对不能自己服用成药，否则可能通过母乳影响宝宝。妈妈必须服用医生所开的药物。

宝宝这样照顾

照护、游戏

生活细节知识一把抓

在此时，爸爸妈妈适度地帮宝宝按摩，可有效增强宝宝的肢体活动力。

宝宝的照护

在帮宝宝按摩时，一般情况下，从抚摸头部或后背的动作开始，第一次按摩时，把身体的主要部位按摩几分钟。熟练之后，就慢慢地按摩其他部位。在按摩过程中，应该继续跟婴儿说话，如

果婴儿感到不舒服，就应该停止按摩。

1.头部

在盘腿的状态下，让婴儿靠着大腿仰卧，然后用一只手支撑婴儿的头部，另一只手沿着顺时针方向柔和地抚摸婴儿的头部。

2.肩部和手臂

用一只手轻轻地抬起婴儿，并用手臂抬起婴儿的头部、后背和臀部。另一只手揉婴儿的肩部和手臂，然后上下活动按摩婴儿的手臂。用同样的方法反复按摩4~5次。

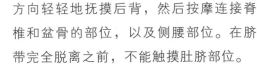

3.胸部

把左手放在婴儿的胸部上方，然后用手指沿着顺时针方向按摩胸部和肋骨。另外，上下活动支撑婴儿的腿部。

4.侧腰

用按摩后背的姿势上下摇晃婴儿，然后用手按摩婴儿的侧腰。沿着顺时针方向轻轻地抚摸后背，然后按摩连接脊椎和盆骨的部位，以及侧腰部位。在脐带完全脱离之前，不能触摸肚脐部位。

5.后背

让婴儿趴在妈妈的手臂和大腿上面，然后用另一只手沿着顺时针方向轻轻地抚摸婴儿的后背。此时，上下活动妈妈的腿部，并摇晃婴儿。

平衡游戏：骑马马

1.爸爸双膝跪在地上，手掌压地。

2.妈妈把宝宝抱到爸爸的背上，让宝宝的手环抱着爸爸的头部。

3.妈妈站在前面对宝宝说："宝宝骑马马，骑马马喽。"爸爸向着妈妈方向爬行前进。

肢体游戏：抬起来

1.让宝宝平躺在床上。

2.轻轻抬起宝宝的一条腿说："一，二，抬起来。"放下宝宝的腿时说："一，二，放下。"

3.换另一条腿和手试试看。

宝贝又长大咯!

宝宝开始迈入学习社会化的关键时期

照片黏贴处

妈妈笔记

照片黏贴处

宝宝生活与成长记录表

🕐	Day1	Day2	Day3	Day4	Day5	Day6	Day7	
🛒								头围
🍼								
💩								体重
🦆								
🐷								身高
🩲								

🕐 时间　🛒 睡觉　🍼 喝奶　💩 便便　🦆 洗澡　🐷 玩耍　🩲 尿布

宝宝这样照顾

发育、饮食

生活细节知识一把抓

第二周

这时候的宝宝可以清楚地分辨颜色，也开始会注意到身旁的小东西，视觉能力又大大跨进了一步。

宝宝的发育

宝宝在第三或四个月时就可以稍微区分颜色，不过要到第五个月时才能真正地辨别红色、蓝色和黄色之间的差异。红色或蓝色是这个年龄段孩子最喜欢的颜色。

这时，孩子的视力范围可以达到几米远，而且将继续扩展。他的眼球能上下左右移动，注意一些小东西，如桌上的小点心；当他看见母亲时，眼睛会紧跟着母亲的身影移动。

如果把玩具弄掉了的话，宝宝会转着头到处寻找；会伸手够东西或从别人手里接过东西。

宝宝的饮食

妈妈可尝试添加不同的副食品，如蔬菜和水果。一开始可以提供1～2勺单一品种的过滤蔬菜或蔬菜泥，例如青菜、南瓜、胡萝卜、土豆。这些食物不容易让宝宝产生过敏反应。这些蔬菜可以煮熟后做成泥状，就是便捷又健康的婴儿食品了。食物的量渐渐增加至每次2～4勺，每天2次，具体的数量要取决于婴儿的胃口，不要硬喂。妈妈可以试着将蔬菜和水果混合，例如胡萝卜和苹果，或菠菜和香蕉。根据婴儿的食欲，逐渐增加餐次和每餐的量。

不过妈妈需要谨记，必须先让宝宝尝试蔬菜，然后才是水果。孩子天性喜欢甜食，如先吃水果，孩子就可能不爱吃蔬菜了。

婴儿出生四个月后，体内贮存的铁已基本耗尽，仅喂母乳或牛奶已满足不了婴儿生长发育的需要。因此从四个月开始需要添加一些含铁丰富的食物，而鸡蛋黄是比较理想的食品之一，它不仅含铁多，还含有宝宝需要的其他各种营养素，比较容易消化，添加起来也十分方便。取熟鸡蛋黄四分之一，用小勺碾碎，直接加入煮沸的牛奶中，反复搅拌，等牛奶稍凉后喂哺婴儿。

或者，妈妈也可以取四分之一的生鸡蛋黄，加入牛奶和肉汤各一大勺，混合均匀后，用小火蒸至凝固，再用小勺喂给婴儿。

宝宝饮食 Q&A

制作副食品要注意什么？

妈妈在制作的过程当中，要怎样才能确保宝宝食用得干净又健康呢？

天然新鲜：给宝宝吃的水果、蔬菜要天然新鲜。做的时候一定要煮熟，避免发生感染，密切注意是否会引起宝宝过敏反应。

清洁卫生：在制作辅食时要注意双手、器具的卫生。蔬菜水果要彻底清洗干净，以避免有残存的农药。尤其是制作果汁时，如果采用有果皮的水果，如香蕉、柳丁、苹果、梨等，要先将果皮清洗干净，避免果皮上残留脏污污染果肉。

营养均衡：选用各种不同的食物，让宝宝可以从不同的食品中摄取各种不同的营养素。

第二周

宝宝这样照顾

照护、游戏

生活细节知识一把抓

有些宝宝会出现枕秃的现象，可能源自于枕头不透气或过硬，或是宝宝缺钙。

宝宝的照护

小婴儿的枕部，也就是脑袋跟枕头接触的地方，若出现一圈头发稀少或没有头发的现象叫枕秃。

宝宝大部分时间都是躺在床上，脑袋跟枕头接触的地方容易发热出汗使头部皮肤发痒，而因为新生儿还不能用手抓，也无法用言语表达自己的痒，所以宝宝通常会通过左右摇晃头部的动作，来"对付"自己后脑勺因出汗而发痒的问题。由于

经常摩擦，枕部头发就会被磨掉而发生枕秃。此外，如果枕头太硬，也会引起枕秃现象。另外，如果宝宝经常一侧睡觉，也容易发生单侧枕秃。

如果出于客观原因造成枕秃，妈妈要给宝宝选择透气、高度和柔软度适中的枕头，随时关注宝宝的枕部，发现有潮气，要及时更换枕头，以保证宝宝头部的干爽；并调整温度，注意保持适当的室温，温度太高引起出汗，会让宝宝感到很不舒服，同时很容易引起感冒等其他疾病的发生。

另外，妈妈孕期营养摄入不够也可

能造成宝宝枕秃。如果是因为这样而造成的，则需要及时地给宝宝进行血钙检查，看其是否缺钙，并遵照医嘱进行补钙，或是多带宝宝晒太阳，也可通过各种食物来帮宝宝补钙。

宝宝饮食 Q&A

如何纠正宝宝吃手指？

虽然婴儿吮吸手指是种正常现象，但是也要注意不能让婴幼儿频繁地吮吸手指，这样不但影响手指和口腔的发育，而且还会感染各种寄生虫病，应戒除婴儿频繁吮吸手指的习惯。另外，当宝宝将有危险或不干净的东西放入嘴里时，成人应立即制止，用严肃的口气对小儿说"不行"，并将放入口的物品取走。宝宝会从成人的行为、表情和语调中，逐渐理解什么可进食，什么不可以放入口中。

发展腿部游戏：弯弯你的腿

1.让宝宝平躺在一个坚固的地方。

2.握住宝宝的脚踝，照下面的节奏屈伸大腿："一、二、三，弯弯腿。一、二、三，弯弯腿。"

3.如果宝宝很喜欢，可以多做几次。如果他在挣扎，请立即停止。

肢体协调游戏：坐飞机

1.握住宝宝的手往上提，并说："坐飞机，上，上，上。下飞机，下，下，下。"

2.连续抬起宝宝身体的不同部位，而且每次都要唱这首儿歌。

3.每次放下时亲宝宝一下。

宝贝又长大咯!

宝宝开始迈入学习社会化的关键时期

照片黏贴处

妈妈笔记

照片黏贴处

宝宝生活与成长记录表

🕐	Day1	Day2	Day3	Day4	Day5	Day6	Day7	
🛒								头 围
🍼								
💩								体 重
🦆								
🐵								身 高
👙								

🕐时间　🛒睡觉　🍼喝奶　💩便便　🦆洗澡　🐵玩耍　👙尿布

宝宝这样照顾

发育、饮食

生活细节知识一把抓

在第五个月的第三周，宝宝的语言能力明显地进步许多，会有接近成熟的语音出现。

宝宝的发育

当宝宝啼哭的时候，如果放一段音乐，正在哭的宝宝会停止啼哭，扭头寻找发出音乐的地方，并集中注意力倾听；听到柔和动听的曲子时，宝宝会发出咯咯的笑声；看熟悉的人或物时会主动发音；听到叫自己的名字会注视并微笑。此外，这时宝宝能开始发 g、h、l 等音，虽然这时宝宝发出的声音还不是成熟的语言，但是宝宝明显能更好地控制声音了，学会的语音越来越丰富，还试图通过吹气、咿咿呀呀、尖叫、笑等方式来"说话"。

宝宝的饮食

在照顾宝宝一阵子之后，许多妈妈可能会决定要重返工作岗位，但是在上班后，妈妈就不方便按时给宝宝哺乳了，这时候应该怎么办呢？

此时妈妈必须采用混合喂养的方式。我们之前提过，混合喂养是同时以母乳和配方奶作为宝宝营养的来源。必须继续以母乳喂养为主要方式之一，是因为在这个时期，宝宝体内从母体中带来的一些免疫物质正在不断消耗、减少，若过早中断母乳喂养会导致宝宝抵抗力下降、消化功能紊乱，影响宝宝的生长发育。而且此时宝宝正需要添加副食品，如果喂养不当，很容易使宝宝的肠胃发生问题，导致宝宝消化不良、腹泻、呕吐等各种问题。

这个时候正确的喂养方法，一般是在两次母乳之间加喂一次牛奶或其他代乳品。最好的办法是，只要条件允许，妈妈在上班时仍按哺乳时间将乳汁挤出，或用吸奶器将乳汁吸空，以保证下次乳汁能充分地分泌。吸出的乳汁在可能的情况下，用消毒过的清洁奶瓶放置在冰箱里或阴凉处存放起来，回家后用温水煮热后仍可喂哺宝宝。

即使上班后，妈妈每天至少也应泌乳三次（包括喂奶和挤奶），因为如果一天只喂奶一两次，乳房得不到充分的刺激，母乳分泌量就会越来越少，不利于延长母乳喂养的时间。另外，就算是采用混合喂养，妈妈还是要尽量减少牛奶或其他代乳品的喂养次数，尽最大努力维持母乳喂养。

宝宝饮食 Q&A

宝宝消化不良怎么办？

如果是由细菌引起的腹泻，主要是副食品制作过程中消毒不彻底，从而使当中的细菌进入宝宝体内所导致的，只要给予适量的抗生素就能解决问题；如果是病毒引起的腹泻，就要注意补充丢失的水和电解质，病毒造成的腹泻并不会持续很长时间，而且可以自然痊愈。如果是由于新添加的副食品引起的腹泻，宝宝通常没有什么异常表现，只是大便的性状与以前不同，只要给宝宝吃些助消化药，并暂停添加那种副食品就可以了。如果因为一直没添加副食品而引起腹泻时，可以试着增添副食品，情况就有可能会好转。

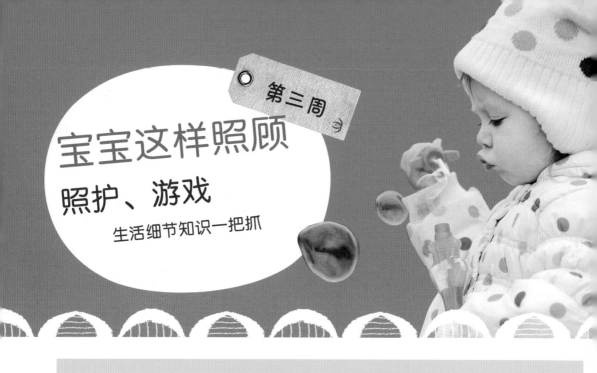

宝宝这样照顾

照护、游戏

生活细节知识一把抓

床上所悬挂的玩具可能会让宝宝产生斗鸡眼症状，爸妈要尽量选购会转动的玩具，让宝宝视觉不要固定在同一点。

宝宝的照护

预防宝宝斗鸡眼

父母需特别注意对宝宝眼睛的保护，现实生活中，父母喜欢悬挂一些玩具来训练宝宝的视觉发育，但如果玩具

悬挂不当就会出现一些问题。比如父母在床的中间系一根绳，把玩具都挂在这根绳子上，结果婴儿总是盯着中间看，时间长了，双眼内侧的肌肉持续收缩就会出现内斜视，也就是俗称的"斗鸡眼"。若把玩具只挂在床栏一侧，婴儿总往这个方向看，也会出现斜视。

因此，家长给婴儿选购玩具时，最好购买那些会转动的，并且可以吊在婴儿床头上的玩具，这样宝宝的视线就不会一直停留在一个点上。另外，宝宝的房间需要有一个令人舒适的环境，灯光不宜太强，光线要柔和。

防止宝宝睡觉时头偏一侧

婴儿的骨质由于很软，骨骼发育又快，受到外力时容易变形。如果长时间朝同一个方向睡，受压一侧的枕骨就会变得扁平。

为了防止宝宝睡觉时头偏向一侧，妈妈要尽可能地哄着他，使他能够适应朝着相反的方向睡，也可以使相反一侧的光线亮一些，或者放一些小玩具，这样时间长了，宝宝就会习惯于朝着任何一个方向睡觉了。

宝宝照护 Q&A

可以常碰宝宝的脸吗？

看到婴儿粉嫩光滑的脸蛋，谁都忍不住想亲一亲、摸一摸，可是这样对孩子到底有没有影响呢？

其实，如此的行为会刺激孩子尚未发育成熟的腮腺神经，导致其不停地流口水。如果擦洗、清洁不及时，口水流过的地方还会起湿疹，会令宝宝很难受。因此父母应从自己做起，避免频繁触碰孩子的脸颊。可用轻点孩子额头、下颌的方式来表达你的喜爱之情，爸妈也要婉拒亲朋好友频频触碰宝宝的脸颊。

发展上肢游戏：拍彩球

1.在宝宝脚踝上系上一个彩球。

2.抱稳宝宝，让他用一只手去拍彩球。

3.拍到的时候表扬宝宝："宝宝，真好！"小宝宝会更加高兴地去拍彩球的。

促进脑发育游戏：漂浮的音符

1.妈妈面带笑容，与宝宝玩荡秋千游戏。

2.把宝宝放在你的腿上荡秋千，一边玩一边念下面的这首小诗："前前后后，前前后后。荡啊荡啊，荡啊荡啊。"

宝贝又长大咯!

宝宝开始迈入学习社会化的关键时期

照片黏贴处

妈妈笔记

照片黏贴处

宝宝生活与成长记录表

⏰	Day1	Day2	Day3	Day4	Day5	Day6	Day7	
🛒								头 围
🍼								
💩								体 重
🐣								
🐱								身 高
👙								

⏰ 时间　🛒 睡觉　🍼 喝奶　💩 便便　🐣 洗澡　🐱 玩耍　👙 尿布

宝宝这样照顾

发育、饮食

生活细节知识一把抓

第四周

又过了一个月，到了第五个月的最后一周，宝宝的肢体更加灵活，可以用手肘将自己撑起，脚尖也可以蹬地了。

宝宝的发育

这时的宝宝在俯卧时，能用肘支撑着将胸抬起，但腹部还是靠着床面，仰卧的时候喜欢把双腿伸直举高；能够较为平衡地背靠枕头坐着，能够肚子贴在地上爬；可以用一只手拿东西；随着头部颈肌发育的成熟，此时宝宝的头能稳稳当当地竖起来了，而且开始不太愿意被横抱着，喜欢大人把他们竖起来抱；肢体活动能力增强，脚和腿的力量更大了，而且学会了用脚尖蹬地，同时身体还能不停地蹦来蹦去，整体的活动力已经增强许多。

宝宝的饮食

一开始让宝宝适应固体食物时，每天只需喂一次固体食物，宝宝只要吃下一茶匙的量即可。要是宝宝看起来还想再吃一些，那下次便可以喂两茶匙食物。慢慢地，宝宝的食量将会稳定下来。

上午8~9点，即两次喂奶的间隔期间是喂宝宝吃固体食物的好时机。因为很快便能吃到奶水，宝宝一般不会感到饥饿。

将婴儿米粉作为让宝宝进食的第一种固体食物是比较适合的。它没有麸质，因此不会引起任何过敏反应。可以将米粉与宝宝平常喝的奶水（挤出的母乳或者配方奶）进行混合，这样宝宝在吃第一顿固体食物时会品尝到熟悉的味道。最好将两者混合成糊状。

1.将混了奶的米粉沾在手指上给宝宝吸食。如果他看起来不怎么感兴趣，可以试着轻轻拍打宝宝的嘴唇和舌头。你会发现宝宝有可能直接吐出食物，这是因为他还不能熟练地将食物送入口中并顺利地咽下去。

2.当宝宝已经能熟练地吮吸你手指上的食物时，你可以换一个浅的汤匙给宝宝喂米粉。喂食时，如果发现宝宝的身子朝向食物倾斜，同时又张着嘴巴或是企图抓取你的手指或汤匙，表现得很感兴趣，那么便可多喂几汤匙。如果宝宝转过身去或是将你的手推开，则说明他已经吃饱了。

宝宝饮食 Q&A

如何训练宝宝吞咽和咀嚼？

有些宝宝到了快六个月的时候就有乳牙萌出，这时就可以加上咀嚼训练，以促进牙齿的萌发。妈妈可以从在泥糊状食物里添加少量的小块固体食物开始，并随着宝宝的适应再慢慢添加固体食物的量，让宝宝自己抓着吃固体食物，学习在嘴里移动食物，培养宝宝对进食的兴趣。另外，还可给一些专门用来磨牙的小零食来辅助训练。在刚开始训练的时候，妈妈可以先示范给宝宝看如何咀嚼食物，或是用语言提示宝宝用牙齿咬东西。

在进行吞咽和咀嚼训练时，每个宝宝的学习速率是不同的，因此爸爸妈妈一定要有足够的耐心。

宝宝这样照顾

照护、游戏

生活细节知识一把抓

爸妈要细心呵护宝宝的皮肤，随时做清洁和保养，让宝宝的皮肤保持干净又滑嫩！

宝宝的照护

宝宝的皮肤是非常娇嫩及脆弱的，因此妈妈要每天对宝宝的皮肤进行特别护理，并且要针对宝宝不同的身体部位，进行不一样的皮肤护理方式。如针对宝宝的脸部皮肤，妈妈平时应多用柔软湿润的毛巾，替新生儿擦净面颊，因为新生儿经常吐口水及吐奶，导致脸上

常有脏污。另外，宝宝的小手也喜欢到处触摸物品，再触摸脸，导致脸上可能残留很多细菌，对皮肤也会造成伤害，也要一并用毛巾清洁；在秋冬季时，应该为宝宝涂抹润肤乳，增强肌肤抵抗力，并防止肌肤红肿或龟裂。

若是针对身体和四肢的皮肤，因为身体在夏天的出汗量较大，因此妈妈在宝宝汗量大时要做好清洁工作，并在洗澡完后擦干宝宝身体，然后在宝宝身上涂抹爽身粉，防止起疹子；此外，给宝宝更换衣服时，若发现有薄而软的小皮屑脱落，这是皮肤干燥引起的，可在洗澡后在皮肤上涂润肤乳，防止皮肤干裂。

而若是针对臀部的皮肤护理，妈妈则要注意及时更换尿布，且在更换时，可用婴儿专用湿纸巾来清理臀部上所残留的尿渍和排泄物，接着再涂上宝宝专用的护臀乳液。

宝宝照护 Q&A

如何选择宝宝的衣服？

为宝宝选购婴儿服要注意以下几点：

1.领口、袖口和裤脚都不能过紧，必须保证宝宝呼吸通畅，且要避免颈部湿疹和皮肤溃烂的发生。

2.不宜选有扣子的衣服，因为这样的衣服除了穿脱麻烦之外，还有可能伤害到宝宝。

3.袜子口不能太紧，如果袜子口有橡皮筋的话最好拆掉它，否则会影响宝宝脚部的血液循环。

训练下肢游戏：推一推

1.让宝宝趴在柔软的床上。

2.站在宝宝身后并把手放在其脚掌上。

3.宝宝的脚触及到你的手时，会通过蹬你的手，借力向前移动。这时轻推宝宝一下。

语言游戏：宝宝回答我

1.宝宝吃东西的时候，引导宝宝发出一些音节。

2.妈妈停下手里的动作，看着宝宝的眼睛，要用点头或微笑表示回答。

3.妈妈要说："我在听，我的宝贝。"这表明你很喜欢宝宝的声音。

宝贝又长大咯!

宝宝开始迈入学习社会化的关键时期

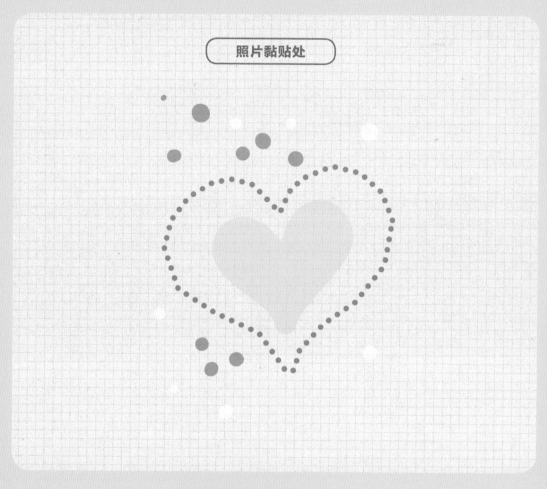

照片黏贴处

妈妈笔记

照片黏贴处

宝宝生活与成长记录表

🕐	Day1	Day2	Day3	Day4	Day5	Day6	Day7	
🛒								头围
🍼								
💩								体重
🐤								
🐱								身高
👙								

🕐时间　🛒睡觉　🍼喝奶　💩便便　🐤洗澡　🐱玩耍　👙尿布

五月宝宝副食品食谱

苹果

热量每100克	55 卡
维生素C每100克	2.1 毫克

富含维生素A、B族维生素、维生素C、磷、钾、膳食纤维。

5 个月

苹果面包糊

材料：

（宝宝一餐份）

吐司1/2片
苹果25克
水200毫升

制作方法：

1. 将吐司切去硬边部分，切成小碎屑。

2. 苹果洗净后去皮，磨成泥备用。

3. 将水煮沸，加入吐司屑和苹果泥一起熬煮一会儿即可。

食材的 挑选

轻的苹果较绵密，沉的苹果较脆甜。

挑苹果时，以手轻轻按压，容易按下的苹果通常较香甜。以重量来看，通常手感较轻的苹果吃起来绵密，手感较沉的口感较脆甜，所含水分较多。

准备的 工作

软毛刷轻柔刷洗，注意头尾凹陷处。

清洗苹果要在流动的小水流下，以软毛刷轻轻刷洗外皮灰尘及脏污数次，尤其是蒂头两端要仔细清洁，最后再以流动小水流冲洗干净。

保存的 方法

纸巾包覆后再冷藏，水分不流失。

苹果是在冷藏环境下容易流失水分的水果，可先用餐巾纸包覆后再放入密封袋，这样可以避免苹果变得干瘪、不新鲜。

小提醒：

用手机扫一扫二维码，视频马上看，让爸妈边看边学！

5 个月

花菜苹果米糊

材料：

（宝宝一餐份）

白米糊60克
花菜10克
苹果15克

制作方法：

1. 花菜洗净、焯烫后，磨碎。

2. 苹果去皮、去果核后，磨成泥备用。

3. 将花菜放入米糊中稍煮片刻，最后再放入苹果泥，拌匀煮熟即可。

5 个月

红椒苹果泥

材料：

（宝宝一餐份）

红椒10克
苹果20克
冷开水5毫升

制作方法：

1. 红椒洗净、去籽、切小块，加入冷开水，放入搅拌机内搅拌成泥。

2. 苹果洗净、去皮，并磨成泥。

3. 煮熟红椒泥，加入苹果泥搅拌即可。

小提醒：

红椒营养成分丰富，有强大的抗氧化作用，使体内细胞活化，并有御寒、增强食欲、杀菌的功效。新鲜的红椒色泽明亮，闻起来具有瓜果的香味。

Part.6
第六个月的宝宝

宝宝这样照顾

发育、饮食

生活细节知识一把抓

第六个月的宝宝，乳牙会开始生长，咀嚼能力会比以前来得更加进步。此时的宝宝对妈妈也会更加依赖，无法离开妈妈太久。

宝宝的发育

男宝宝体重为6.9~8.8千克，女宝宝为体重6.3~8.1千克。这个月内可增长0.45~0.75千克，食量大、食欲好的宝宝体重增长可能比上个月要大。需要爸爸妈妈注意的是，很多肥胖儿都是从这个月埋下隐患的，因此，如果发现宝宝在这个月日体重增长超过30克，或10天增长超过300克，就应该有意识调整宝宝的食量。

男宝宝在这个月身长为60.5~71.3厘米，女宝宝为58.9~69.3厘米，本月可长高2厘米左右。需要爸爸妈妈注意的

是，宝宝的身高绝不单纯是喂养问题，所以不能一味贪图让宝宝长个子，还是要遵从客观规律，顺其自然。

宝宝的饮食

淀粉类食物的添加方法

宝宝在三个月后唾液腺逐渐发育完全，唾液量显著增加，富含淀粉酶，因而满四个月起婴儿即可食用米糊或面糊等食物，即使乳量充足，仍应添加淀粉食品以补充能量，并培养婴儿用匙进食半固体食物的习惯。初食时，可将营养米粉调成糊状，开始较稀，逐渐加稠，要先喂一汤匙，逐渐增至3~4汤匙，每

日2次。自五到六个月起，乳牙逐渐萌出，可改吃烂粥或烂面。

一般先喂大米制品，因其比小麦制品较少引起婴儿过敏。六个月以前的婴儿应以乳汁为主食，可在哺乳后添喂少量米糊，以不影响母乳量为标准。

米粉与米汤的添加方法

刚开始添加米粉时1~2勺即可，需用水调和均匀，不宜过稀或过稠。婴儿米粉的添加应该循序渐进，有一个从少到多、从稀到稠的过程，这个时候奶粉还是作为主食。米汤汤味香甜，含有丰富的蛋白质、脂肪、碳水化合物及钙、磷、铁、维生素C、B族维生素等，能促进宝宝消化系统的发育，也为宝宝添加粥、米粉等淀粉辅食打下良好基础。做法是将锅内水烧开后，放入淘洗干净的大米，煮开后再用文火煮成烂粥，取上层米汤即可食用。

宝宝饮食 Q&A

碳水化合物的作用

上面所提及的适合给宝宝制作的副食品如米糊、米粉和米汤，其中的主要成分都是碳水化合物，那碳水化合物对宝宝来说有什么功效呢？

愈来愈大的宝宝，活动量也不断地增加，每天源源不绝的能量要从哪里来？碳水化合物能提供宝宝身体正常运作的大部分能量，起到保持体温、促进新陈代谢、驱动身体运动、维持大脑及神经系统正常功能的作用。特别是大脑的功能，完全靠血液中的碳水化合物氧化后产生的能量来支持。碳水化合物中还含有一种不被消化的纤维，有吸水和吸脂的作用，有助大便畅通。

宝宝这样照顾

照护、游戏

生活细节知识一把抓

六个月的宝宝除了摄取母乳中的水分外，也要开始另外摄取水分，这样对宝宝的健康来说才是足够的。

宝宝的照护

宝宝的水分摄取量原先只要从母乳内摄取就足够，不过随着月龄愈来愈大，宝宝所需要的水分也逐渐增多。这个月母乳喂养的宝宝，每天应该喝30～80毫升的白开水，配方奶喂养的宝宝应该喝100～150毫升的白开水。

最简单的给宝宝喂水的方法是把水灌进奶瓶里让宝宝自己拿着喝。这个月大的宝宝对抓握东西特别有兴趣，因此让宝宝自己抓着奶瓶喝，也可以有效提高宝宝对喝水的兴趣。只要喝水的时候大人在一旁看护，宝宝一般都不会出现呛水等问题。

培养宝宝喝水的习惯很重要，如果宝宝在这个时候不爱喝水的话，爸爸妈妈不妨用一些巧方法，让宝宝爱上白开水。例如：给宝宝喝水的时候，爸爸妈妈也可以同样拿着一小杯水，和宝宝面对面玩"干杯"的游戏，让宝宝看着爸爸妈妈将杯里的水喝光，这样宝宝就会高高兴兴地模仿爸爸妈妈的动作，把自

小知识补充

六个月以前的宝宝，不建议直接摄取水分，饮用母乳中所含以外的水分反而可能造成宝宝肾脏的负担。

己小杯子或奶瓶里的水也都喝光了；另外，爸妈也可以试试买色彩缤纷的马克杯，或是印有宝宝最喜欢的卡通人物图案的杯子，这样也会让宝宝变得喜欢用杯子喝水。

宝宝照护 Q&A

带宝宝旅行要注意什么？

爸妈带宝宝一起出去旅行，享受天伦之乐，是再幸福不过的事情了。但享受的同时，爸妈也要注意，在事先制定旅游计划的时候，必须要考虑到行程对宝宝来说适不适合，有些地方对宝宝来说是可能造成危险的，爸妈就要避免带宝宝前往。

需要提醒大家注意的是，到高气温地区或饮用水不清洁的地区旅行时，特别要注意卫生。在旅行中，婴儿的抵抗力会有所下降，容易被细菌感染，因此不要忘记带杀菌工具。

语言游戏：谁在学我？

1.录下宝宝的咿呀声播放给宝宝听，观察宝宝的表情，注意宝宝是否兴奋。妈妈重复宝宝的发音。

2.当宝宝向录音带回话时，妈妈要不断地应和。

3.妈妈把宝宝发音类似的词换成正确语言，比如："麻麻"换成"妈妈"，"啪啪"换成"爸爸"等。

视觉游戏：外面的世界

1.选一个晴朗的好天气，抱宝宝到户外去。

2.爸妈看看空中飞来飞去的鸟儿，对宝宝说："这是小鸟。"

3.指着不同物品，持续和宝宝述说。

宝贝又长大咯！

宝宝开始迈入学习社会化的关键时期

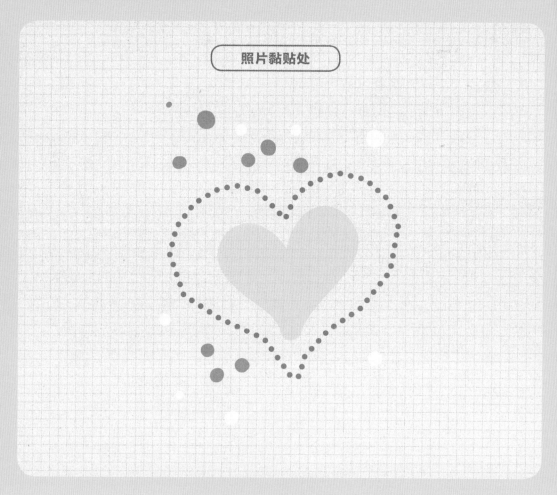

照片黏贴处

妈妈笔记

照片黏贴处

宝宝生活与成长记录表

⏰	Day1	Day2	Day3	Day4	Day5	Day6	Day7	
🚼								头围
🍼								
💩								体重
🦆								
🐷								身高
🩲								

⏰ 时间　🚼 睡觉　🍼 喝奶　💩 便便　🦆 洗澡　🐷 玩耍　🩲 尿布

宝宝这样照顾

发育、饮食

生活细节知识一把抓

宝宝在此月的饮食会开始包含更多样化的副食品，因此在蔬果的清洗上，爸妈要特别注意。

宝宝的发育

这个月的婴儿，进入咿呀学语阶段，对语音的感知更加清晰，发音更加主动，不经意间会发出一些不是很清晰的语音，会无意识地叫"mama"、"baba""dada"；此时的宝宝只要不是在睡觉，嘴里就一刻不停地"说着话"，尽管爸爸妈妈听不懂宝宝在说什么，但还是大概能够感觉出宝宝所表达的意思。

宝宝此时能明显地表现出与爸爸妈妈或是熟悉的家人的偏好，对于陌生人，大多表现出不喜欢、不理睬甚至哭闹拒绝的态度。

宝宝的饮食

清洁蔬菜与水果的小提醒：

1.拿到水果后，用手触摸一下，看看是否有东西黏到手上，如果有，用清水清洗干净之后再剥皮。

2.一般人认为将皮面残留的农药清洗干净即可，但皮和果肉之间有可能有农药渗入，所以去皮后最好再用温水清洗一下，比较安全。

大部分专家建议用冷水洗蔬菜和水果，因为温水会让它们变软，而且还会导致营养流失，甚至会使它们失去一些汁液。但是，食品和药品管理局认为用温水能更好地去除农药，建议用冷水洗有机种植的蔬果，不是有机种植的蔬果则用温水洗。

3.建议使用专门清洗蔬果的清洁剂。非有机种植的作物的表面不仅有农药，还有防止农药被雨水冲走的其他化学物质。蔬果清洁剂能去除这些化学物质，也能去除蔬果表面的农药。但是，作物在生长过程中吸收的农药，任何清洁剂都去除不了，所以建议最好买有机种植的产品给宝宝吃。

不过爸妈要注意，绝对要使用无毒无害的清洁剂，才不会给宝宝造成危害。

4.叶子前端的农药用水清洗是无法洗干净的，因此在烹饪前汆烫一下，可以除去全部的农药；根的部分则残留大量的农药，为以防万一，可以去除外层

的两层皮，或直接去除根部不使用。

小知识补充

蔬果清洁剂的使用方法

使用蔬果清洁剂时，首先先将清洁剂喷满蔬果的每个地方，半分钟之后，用蔬菜刷在蔬果上轻轻刷洗，最后再以清水冲洗即可。

宝宝饮食 Q&A

这些蔬果怎么洗？

柠檬外皮比较硬，果肉里残留的农药量很少。挑选新鲜一点的，去皮使用即可。

草莓容易长霉，商家一般都喷防霉剂。买来的草莓烹饪之前装在篮子中，用水清洗一下，特别是蒂的部分要清洗多次。

香蕉在运输过程中一般会使用杀菌剂和消毒剂，特别是收割完成后，香蕉的根一般会用防腐剂泡过。购买后要切除根部1厘米左右，才能安心食用。

清洗甜菜时，需在流动的小水流下轻轻搓洗，小心不要碰伤，擦洗时需放轻力道。烹饪时，甜菜最好是整颗完整的，洗净后不用去皮，把根及2.5~5.0厘米的茎去掉，即可入菜。

第二周

宝宝这样照顾
照护、游戏
生活细节知识一把抓

爸妈要为六个月大的宝宝进行必需的预防接种，以确保宝宝的健康。此时所需进行的接种有 DPT 和小儿麻痹疫苗。

宝宝的照护

预防接种：DPT（白喉、破伤风、百日咳）

这是可以同时预防白喉、破伤风、百日咳的疫苗。DPT前后需要接种5次，在出生后2个月、4个月和6个月分别接

> **小知识补充**
>
> ### 为何要预防接种？
>
> 预防接种是指在宝宝体内注入抗原以预先形成抗体，能增强宝宝对渗透到体内病原体的抵抗能力。进行预防接种后，免疫力会有一定程度的增强。

种一次后，在出生后18个月和4～6岁时进行追加接种。DPT接种后可能会有发烧或肿胀的情形，严重时还会引发40℃以上的高烧、昏厥和痉挛等，因此最好在上午接种。如果副作用严重，最好停止接种。

预防接种：小儿麻痹症

进行小儿麻痹接种时，从月龄2个月起，以2个月为间隔进行3次基础接种，4～6岁时进行追加接种。小儿麻痹疫苗是活疫苗，呈糖浆形态，用于口服。宝宝身体羸弱、抵抗力较差时，应当延迟接种时间。

预防接种的前一天要给婴儿洗澡，接种时间最好选择在上午，这样一来，一旦接种过程中出现异常，就可以及时接受治疗。如果测量体温或检查身体状况后，发现婴儿发烧或咳嗽，就应当将接种时间延后。父母需要根据育儿手册记录预防接种时间和下一次的接种时间，这样才能有效地完成预防接种。

接种后，注射的副作用快则几分钟之内就会出现，如果时间不赶的话，可在医院停留30分钟后再离开。

宝宝照护 Q&A

宝宝的手指被夹伤该怎么办？

手指被夹伤后，要用流动的水冲洗患处。如果伤势不是太严重，只要患处温度降低后，就会好转。但是，如果患处愈来愈肿，或活动患处时伴随有剧烈的疼痛，就应当用铅笔或筷子等物品固定住手指，以避免手指活动，然后立即去医院。如果婴儿的手指太小，无法使用夹板，也可以用冷湿布紧紧地缠住。

有时候一开始看似没事，但几天后受伤部位红肿或变青，这时或许是肌肉损伤，同样也需要去医院接受治疗。

手眼协调游戏：拨浪鼓

1.摇动宝宝拿拨浪鼓的小手。

2.教宝宝如何把拨浪鼓从一只手换到另一只手。

3.把宝宝空着的小手放到拨浪鼓上，宝宝自然就会抓住它。

4.让宝宝松开拿拨浪鼓的手指，并亲亲宝宝的手指。

语言游戏：挥挥手

1.轻轻地摇晃宝宝的小手或小脚，向其他人打招呼。

2.用说话的方式引导："我向妈妈挥挥手，挥挥手，挥挥手。"

3.可将妈妈换为祖父、祖母、朋友或宠物。

宝贝又长大咯!

宝宝开始迈入学习社会化的关键时期

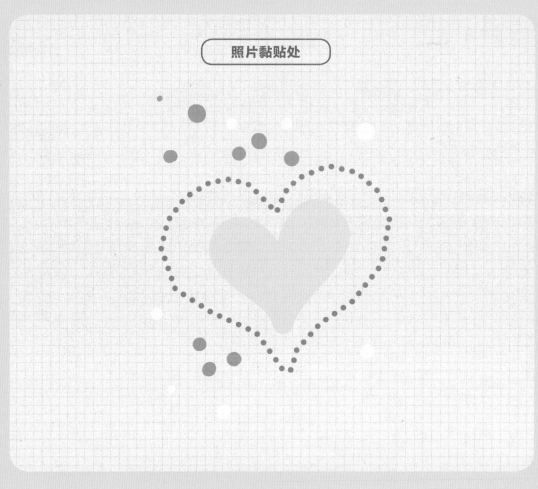

照片黏贴处

妈妈笔记

照片黏贴处

宝宝生活与成长记录表

⏱	Day1	Day2	Day3	Day4	Day5	Day6	Day7	
🛒								头围
🍼								
💩								体重
🦆								
🐷								身高
👙								

⏱ 时间　🛒 睡觉　🍼 喝奶　💩 便便　🦆 洗澡　🐷 玩耍　👙 尿布

宝宝这样照顾
发育、饮食
生活细节知识一把抓

经过二十二周的发育，宝宝在听觉和认知能力有极为明显的发展，例如会开始自己去制造声响，并且会重复一样的行为。这都是宝宝在探索的过程，爸妈要尽力协助。

宝宝的发育

这个阶段，宝宝处在"发现"阶段。随着认知能力的发育，他很快会发现一些物品，例如铃铛和钥匙串，在摇动时会发出有趣的声音。当他将一些物品扔在桌上或丢到地板上时，可能启动一连串的听觉反应，包括喜悦的表情、呻吟或者导致对象重现或者重新消失的其他反应。他开始故意丢弃物品，让你帮他捡起。这时你可千万不要不耐烦，因为这是他学习因果关系并通过自己的能力影响环境的重要时期，要尽力配合与帮助宝宝的学习。

宝宝的饮食

对于宝宝来说，辅食是一个新的东西，不会有特殊的偏好。因此，妈妈可以运用一些小秘诀，帮助宝宝顺利爱上辅食。

秘诀一：鼓励宝宝主动探索

宝宝出生六个月之后，探索的欲望会加强，并逐渐有了独立性，想自己动手拿东西吃。此时，妈妈要鼓励宝宝自己拿汤匙吃东西，给他自主学习的机会，也可以在地上铺餐布方便宝宝练习。如果宝宝喜欢用手抓东西吃，可制作易于用手拿的食物，满足宝宝的欲望，增强宝宝食欲。

秘诀二：准备一套可爱的儿童餐具

用大碗、杯子盛满食物，会对宝宝产生压迫感，进而影响食欲。尖锐的叉子及易破的餐具也不宜让宝宝使用，以免发生意外。市场上销售的儿童餐具有鲜艳的颜色、可爱的图案，使用这样的餐具可以吸引宝宝的注意力，并增强宝宝的食欲。

秘诀三：保持愉快的用餐情绪

保持愉快的情绪进餐可以增加宝宝的食欲，还可以增强宝宝对事物的兴趣，因此不要强迫宝宝进食。经常强迫宝宝吃东西，不仅会影响宝宝的肠胃消化系统，还会让他认为吃饭是件讨厌的事情，对进食产生抵触心理。

小知识补充

为你的宝宝购买"益智餐具"

市面上有贩卖为宝宝专门设计的"益智餐具"，例如将汤匙的弯曲角度制作得更适合宝宝拿握，且选用偏软的材质，让宝宝拿起来更顺手。

宝宝饮食 Q&A

维生素 C 让宝宝变聪明

在副食品的食材当中，我们常可以看到有多种不同的蔬果，为宝宝提供各类的营养素，其中最常见的营养素之一就是维生素C。

那么，维生素C可以为宝宝提供什么样的营养呢？维生素C可保护血管与皮肤、增加宝宝抵抗力，也是使头脑敏锐的必要物质。维生素C可使脑细胞结构坚固，在清除脑细胞结构的松弛与紧张状态方面达到重要作用，使身体的代谢机能旺盛。充足的维生素C可使大脑功能灵活、敏锐，并能提高智商。

补充维生素C的最佳食物有红枣、柚子、草莓、西瓜、黄绿色蔬菜等，例如土豆100克约含有20毫克，草莓25克约含有20毫克。

第三周

宝宝这样照顾

照护、游戏

生活细节知识一把抓

六个月的宝宝体内所含的母体抗体会逐渐减弱，因此宝宝在此时的抵抗力也会随之下降，爸妈在此时要做好照护宝宝的工作，以免宝宝感染疾病。

宝宝的照护

感冒是发生于呼吸器官的代表性疾病，又叫鼻咽喉炎，由病毒引起，主要发生于鼻腔和咽喉。感冒症状表现为发烧、咽喉肿胀、流鼻涕、咳嗽，有时同时出现上述症状，有时则依次出现。

小知识补充

宝宝什么时候容易罹患感冒？

感冒是昼夜温差较大时，容易罹患且最常见的小儿疾病。婴儿免疫力差时，还有可能引发其他并发症，因此需要及时地治疗和严格地预防。

对婴儿来说，感冒不仅是呼吸器官的疾病，还会伴随着呕吐、腹泻等消化器官的疾病。在几百种感冒病毒中，如果感染了随着天气转凉而出现的轮状病毒，就会同时对呼吸器官和消化器官产生影响，除了感冒症状之外，还会因厌食、腹泻、呕吐而引起脱水，让婴儿筋疲力尽。

如果体温超过38℃，可以用温水浸过的毛巾进行按摩以降温。

鼻子堵塞严重时，可以用加湿器将室内湿度调整到50%～60%，使鼻子通畅。如果利用棉花棒或鼻吸器等吸鼻子有可能会伤及鼻黏膜，建议不要经常使用。

咳嗽是释放体内有害细菌的信号，因此不应该未经医生指示使用止咳的药物。如果咳嗽不停，有可能导致水分缺乏，要多喂宝宝喝白开水，以补充水分。当同时伴有腹泻或呕吐等消化器官疾病时，要喂少量米粥之类易消化的食物，如果大量出汗湿透内衣，应该擦净汗水，并经常更换衣服。

宝宝照护 Q&A

如何预防宝宝感冒？

对宝宝而言，预防感冒是最重要的。第一，出门时一定要帮宝宝穿上多层薄衣服，以利于体温调节；在外面要随时依宝宝的体温变化增减衣物。第二，出门回家后，全家人都要洗净手部，因为宝宝的抵抗力较弱，因此爸妈要维持手部清洁，才不会将细菌带给宝宝，最重要的是，宝宝的手也一定要洗干净。第三，要让宝宝适度地运动，才能维持良好的免疫力，以防感冒的发生。第四，在流感季节，一定要记得带宝宝注射流感疫苗。

大腿肌肉训练游戏：谁爬得快

1.让宝宝趴在柔软而平坦的地毯或床上。

2.在宝宝面前放一只玩具熊，同时念下面的小诗："玩具熊，玩具熊，爬一圈（让熊爬一圈）；玩具熊，玩具熊，爬得快（让熊爬得更快）。

3.确认宝宝在看着小熊时，把它移到一边，这样宝宝的眼睛和身体也会跟着转。

语言与动作连系游戏：捏捏看

1.给宝宝一个软的小玩具，你先捏一下给他看。玩具发出声音时，对宝宝说："捏捏看，宝宝笑嘻嘻。"

2.每次捏的时候，都把玩具放在宝宝的手里让他看一看。边捏，边说："捏捏看，小宝贝！捏捏看，小宝贝！不捏小花，不捏小草，捏捏看，小宝贝！"

宝贝又长大咯!

宝宝开始迈入学习社会化的关键时期

照片黏贴处

妈妈笔记

照片黏贴处

宝宝生活与成长记录表

⏰	Day1	Day2	Day3	Day4	Day5	Day6	Day7	
🛒								头 围
🍼								
💩								体 重
🛁								
🐾								身 高
👙								

⏰ 时间　🛒 睡觉　🍼 喝奶　💩 便便　🛁 洗澡　🐾 玩耍　👙 尿布

宝宝这样照顾
发育、饮食
生活细节知识一把抓

第四周

六个月时期即将结束，离宝宝刚出生已经过半年了，在这期间，宝宝已经逐渐脱离初生时候的稚嫩，渐渐显露出更多"人"的行为。

宝宝的发育

现在的宝宝高兴时会笑，受惊或心情不好时会哭，情绪显露地非常明显，而且情绪变化特别快，刚才还哭得极其投入，转眼间又笑得忘乎所以。当妈妈离开时，宝宝的小嘴会一扁一扁的，似乎快要哭了，甚至马上就会嚎啕大哭起来。如果宝宝手里的玩具被夺走，就会惊恐地大哭，仿佛被人伤害了似的。

当宝宝听到妈妈温柔亲切的话语时，就会张开小嘴咯咯地笑着，并把小手聚拢到胸前一张一合的，像是在拍手一样。

宝宝的饮食

儿童时期，尤其是婴幼儿正处于生长发育的快速阶段，其身高、体重增长得较快，对铁的需要量就相对较多，如果不能从膳食中摄取足够的铁来满足生长发育的需要，则易引起缺铁性贫血，使宝宝出现全身无力、易疲劳、头晕、爱激动、易烦躁、食欲差、注意力不集中、脸色苍白、容易感冒的症状，长期贫血还会对宝宝的智力和体格的发育造成影响。

铁的补充主要通过食物的摄取来获得，食物中的铁有两种存在形式，即血红素铁和非血红素铁。血红素铁存在于动物性食物中，如动物肝脏、肉类、禽类、鱼类等，摄取进入体内后的吸收也较好，因此补铁宜首选富含血红素铁的动物肝脏和肉类等。非血红素铁存在于植物性食物中，如蔬菜类、粮谷类等，其吸收受植酸、草酸、磷酸及植物纤维的影响，所以吸收利用率较低。

婴幼儿补铁要特别注意以下几点：

1.断奶的过渡阶段要及时添加辅助食品。婴儿出生时从母体带来的铁，用到四五个月时已几乎耗尽，以后就需要依靠外源性辅食来加以补充，可根据不同月龄、不同生理特点来及时补铁。

2.缺铁儿童不宜饮用咖啡和茶，因为咖啡和茶叶中的鞣酸会影响食物中铁的吸收；也不要在进餐时或餐后立刻服用抗生素、抑制胃酸的药物及碳酸钙之类的钙剂，因为可以抑制食物中铁的吸收。

3.发现有贫血症状的儿童，应在医生的指导下补充铁制剂。

小知识补充

贫血孩子如何补铁？

发现有贫血症状的儿童，应在医生的指导下补充铁制剂，因为从饮食中所摄取的铁质一般不够补充贫血症所需铁质，因此需通过铁制剂来达到补铁效果。

宝宝饮食 Q&A

如何促进铁质吸收？

维生素C是一种强还原剂，能使食物中的铁转变为能被身体吸收的亚铁，所以在进餐的同时食用含维生素C丰富的水果或果汁，可使铁的吸收率提高数倍。为保证铁的供应，要提供含铁丰富的食物、足够的蛋白质及含维生素C丰富的新鲜蔬菜和水果。2~3个月即可在哺乳后加喂含维生素C丰富的橘汁或橙汁，以促进铁的吸收；副食品的选择上，则可以将含铁量丰富的食物和维生素C含量丰富的食物搭配在一起，像是用苹果泥搭配橙汁，对铁质的吸收就会有很好的效果。等宝宝食用副食品一段时间后，则可利用蔬菜搭配瘦肉泥。

宝宝这样照顾

照护、游戏

生活细节知识一把抓

爸妈要时刻注意让宝宝维持良好的健康，如不可以让宝宝过于肥胖，并且要定时带宝宝去郊外，沐浴在大自然的清新之中。

宝宝的照护

充分的皮肤接触可使宝宝情绪稳定

从这个时期起，宝宝开始黏妈妈，而到了晚上要睡觉时，就会变得烦躁，希望妈妈抱着自己入睡。妈妈可能很难理解为什么宝宝睡得很舒服的时候也会哭闹。这是因为，宝宝觉得睡觉的时候就是妈妈离开的时候，正是因为害怕妈妈离开，宝宝才会闹情绪。

虽然睡过一觉后又可以见到妈妈，可是宝宝心中根本就没有这种概念，只觉得睡觉就是分离，内心变得特别不安。因此，宝宝身体健康却总是夜间哭闹是很自然的事。因此，妈妈在晚上时就要开始增加对宝宝的肌肤接触，应该多抱抱宝宝，多多和宝宝交流，让宝宝可以带着一颗安心的心上床睡觉，减少夜间哭闹的机会。

让宝宝接受空气浴和日光浴

接触外面新鲜空气，可以使宝宝的皮肤提高对外界的适应能力，因此爸妈应该要适当地带宝宝出门接触新鲜空气和阳光。空气浴应当在阳光和煦的时候进行。先打开窗户，呼吸外面的空气，这样适应2～3天之后，就可以抱着宝宝来到窗边，间接地接受阳光的照射。

一开始空气浴的时间可为5分钟左右，
2～3个月后再增加到15～30分钟。

宝宝照护 Q&A

宝宝过胖怎么办?

　　从爸妈的角度来看，宝宝吃得好、长得圆滚滚的是一件好事，但如果体重过重使运动产生困难，就应当适当地降低体重。

　　但爸妈绝对不能通过不健康的方式来降低宝宝体重，对抗肥胖的同时一定要维持宝宝的营养摄入，比较建议的方式是增加宝宝的活动量，在家时要刺激宝宝多多活动，假日或有空时则可以带宝宝出外游玩。除了让宝宝维持一定的活动量，为了降低体重，也可以让宝宝多呼吸新鲜空气和接触阳光，一举两得。

观察力游戏：美丽的光

1.用彩色玻璃纸包住手电筒。抱起宝宝，打开手中的电筒。

2.慢慢地将手电筒左右移动，观察宝宝眼睛是否跟着光看。

3.边移动边对宝宝说：光亮亮，亮亮光，宝宝、宝宝看亮光。

语言与动作联系游戏：捏捏看

1.给宝宝一个可以捏的、会发出声音的玩具娃娃。

2.鼓励宝宝用双手捏娃娃，并说："宝宝，捏捏娃娃，娃娃会叫哦。"

3.因为知道了捏捏玩具会发出好玩的声音，宝宝会慢慢喜欢上这个游戏。

宝贝又长大咯!

宝宝开始迈入学习社会化的关键时期

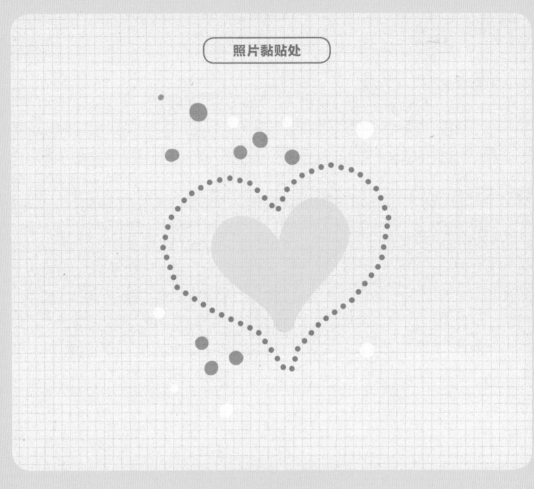

照片黏贴处

妈妈笔记

照片黏贴处

宝宝生活与成长记录表

	Day1	**Day2**	**Day3**	**Day4**	**Day5**	**Day6**	**Day7**	
								头围
								体重
								身高

⏰时间　🍼睡觉　🍼喝奶　💩便便　🦆洗澡　🧸玩耍　👖尿布

六月宝宝副食品食谱

菠萝

热量 每100克
50 卡

维生素C 每100克
12 毫克

富含维生素C、膳食纤维、维生素B₁、类胡萝卜素、钾。

6
个月

包菜菠萝米糊

食材的 **挑选**

以表皮金黄带绿的菠萝为首选

挑选菠萝时，以果实饱满结实、具重量感，充满浓郁果香，表皮光滑无裂缝方为上选。选购时尽量以表皮金黄带绿的菠萝为优先，以免挑到不良品。

准备的 **工作**

避免水洗削好的菠萝

菠萝具有蛋白分解酵素，能够水解肌肉组织，进入人体后，可以帮助肉类消化，但此类酵素却可能造成口腔刺痛，因此菠萝削好后，不要水洗以免加重不适感。

保存的 **方法**

存放于通风与阴凉处

菠萝若非马上食用，不要立即去皮，可在通风处存放2至3天。表皮若呈现熟黄色的菠萝，则需要尽早食用，以免过熟。

材料：

（宝宝一餐份）

白米糊60克
菠萝15克
包菜10克

制作方法：

1. 包菜用清水洗净，去除中间粗硬部分。

2. 将处理好的包菜叶用开水焯烫一下，再用搅拌机搅碎成泥。

3. 菠萝去皮，搅拌成泥。

4. 把搅碎后的包菜和菠萝放入米糊中，用小火煮开即可。

小提醒：
用手机扫一扫二维码，视频马上看，让爸妈边看边学！

6 个月

香蕉菠萝米糊

6 个月

菠萝蛋皮炒软饭

材料：

（宝宝一餐份）

白米糊60克
菠萝15克
香蕉15克

制作方法：

1. 将香蕉、菠萝分别去皮，切小块。

2. 把少许米糊、香蕉块以及菠萝块放入搅拌机里，搅拌成果泥。

3. 加热剩余米糊，把果泥放入米糊中，用小火熬煮片刻即可。

小提醒：

香蕉含有大量糖类物质及其他营养成分，可充饥、补充营养及能量，并且可以润肠通便、缓和胃酸的刺激、保护胃黏膜、消炎解毒，有助宝宝身体健康，但脾胃虚寒，或是有腹泻现象的宝宝不宜多食和生食。

材料：

（宝宝一餐份）

菠萝肉60克
蛋液适量
软饭180克
葱花少许
盐少许

制作方法：

1. 用油起锅，倒入蛋液，煎成蛋皮，把蛋皮切成粒。

2. 将菠萝切成粒；用油起锅，倒入菠萝，炒匀。

3. 放入适量软饭，炒松散，倒入少许清水，拌炒匀。

4. 加入少许盐，炒匀调味。

5. 放入蛋皮，撒上少许葱花，炒匀即可。

小提醒：

菠萝要选新鲜的，吃了还没成熟的菠萝会出现消化不良、瘙痒等现象。

Part.7
第七个月的宝宝

宝宝的发育

宝贝的生长知识大汇整

来到宝宝出生后第七个月，宝宝在此时的牙齿生长更为迅速；视觉、听觉和语言能力也都大为提升，进入一个快速成长期。

宝宝的发育

体重

满6个月时，男宝宝的体重为7.4~9.8千克，女宝宝的体重为6.8~9.0千克，本月可增长0.45~0.75千克。

身高

男宝宝的身高为62.4~73.2厘米，女宝宝的为60.6~71.2厘米，本月平均可以增高2厘米。

牙齿

发育快的宝宝在这个月初已经长出了两颗门牙，到月末有望再长两颗，而发育较慢的宝宝也许这个月刚刚出牙，也许依然还没出牙。出牙的早晚个体差异很大，所以如果宝宝的乳牙在这个月依然不肯"露面"的话，家长也不必太过担心。

视觉、听觉能力

宝宝在视觉方面进一步地提高。他开始能够辨别物体的远近和空间；喜欢寻找那些突然不见的玩具。

这个月宝宝在听觉上也有很大进步，会倾听自己发出的声音和别人发出的声音，能把声音和声音的内容建立联系。

运动能力

上个月坐着还摇摇晃晃的宝宝，这个月已经能独坐了。如果大人把他摆成坐直的姿势，他将不需要用手支援而仍然可以保持坐姿。婴儿从卧位发展到坐位是动作发育的一大进步。另外宝宝的平衡能力也发展得相当好了，头部运动非常灵活，如果父母把双手扶到宝宝腋下的话，宝宝可能会上下跳跃了。

在这个月，宝宝的翻身已经相当灵活，并且有了爬的愿望和动作。手部动作也相当灵活，能用双手同时握住较大的物体，抓东西更加准确，并且两手开始了最初始的配合，可以将一个物体从一只手递到另一只手；还能手拿着奶瓶，把奶嘴放到口中吸吮，迈出了自己吃饭的第一步。

多了解宝宝一点

如何促进铁质吸收？

宝宝在这个月已经有了初步的数理逻辑能力和想像能力，已经懂得了用不同的方式表示自己的情绪，如用哭、笑来表示喜欢和不喜欢，会推掉自己不要的东西，还懂得让爸爸、妈妈给他拿玩具，如果强迫他做不喜欢做的事情时，他会反抗，清楚地表达自己的喜好；另外，宝宝此时也能有意识地较长时间注意感兴趣的事物，当宝宝长时间注意一个物体，代表他对这个物品感到很有兴趣；还可以辨别出友好和愤怒的说话声，依然很怕陌生人，很难和妈妈分开，在许多时候依然没有办法轻松地与妈妈分离。

宝宝的饮食与照护

生活细节知识一把抓

宝宝慢慢进入了半断乳期，因此爸妈在饮食的安排上要更加细心，要准备更多样化的副食品来帮助宝宝断乳。另外，爸妈从此时开始也要训练宝宝良好的生活习惯，以免宝宝被宠坏。

宝宝的饮食

营养需求

这个月的宝宝开始正式进入半断乳期，需要添加多种辅食。适合这个月龄宝宝的辅食有蛋类、肉类、蔬菜、水果等，尽量少添加富含碳水化合物的辅食，如米粉、面糊等。同时，还应给宝宝食用母乳或牛奶，因为对于这个月的宝宝来说，母乳或牛奶仍然是他最好的食品。

锌的好处

第一，锌能促进儿童的生长发育。处于生长发育期的儿童如果缺锌，会导致发育不良。锌缺乏严重时，将会导致"侏儒症"和智力发育不良。

第二，锌能维持儿童正常食欲。体内缺锌会导致幼儿味觉下降，出现厌食、偏食甚至异食症状。

宝宝饮食 Q&A

如何补充锌？

在平时的饮食中，尽量避免长期吃精制食品，饮食注意粗细搭配；已经缺锌的儿童必须选择服用补锌制剂，为了有利于吸收，服口服锌剂最好在饭前1~2小时。

第三，锌能增强儿童免疫力。锌元素是免疫器官胸腺发育的营养素，只有锌量充足才能有效保证胸腺发育，正常分化T淋巴细胞，促进细胞免疫功能。

第四，锌能促进伤口和创伤的愈合。补锌剂最早被应用于临床就是用来治疗皮肤病。

宝宝的照护

满2岁之前避免让宝宝看电视

宝宝有时会无意识地到电视前玩耍，或边玩游戏边看电视。宝宝尤其喜欢那些画面迅速切换的广告或有婴儿出现的节目。但是，看电视对这个时期的宝宝来说还太早。专家建议，在2岁之前应当尽量避免让宝宝看电视。

用一贯的态度使宝宝养成好习惯

宝宝开始懂得要求自己做主的权利，因此，当心愿无法达成时，就会又哭又闹。如果熟悉的人不理睬自己，他就会抓住别人的衣服请求满足自己的愿望；当看不到妈妈或亲人时，也会东张西望，最后放声大哭。

在对宝宝有益、没有危险的限度内，应当尊重宝宝的意见，但对于有害的行动，要果断地拒绝。如果抱着"这么小的孩子知道什么"的想法，对宝宝所有的要求都表示无条件地接受，就容易让他们养成坏习惯，日后改正起来将有很大的困难。遇到危险的事或不正确的事，要果断地、低声地表示"不行"，即使宝宝无法听懂，也要明确地解释理由。

在屋子的各个角落安装安全装置

宝宝开始走路后，行动范围就从屋内扩展到了外面，因此需要格外注意婴儿的安全问题。虽然宝宝已经开始走路，但此时走路的姿势尚不稳当，会经常摔倒或发生碰撞。这就容易使手臂和腿部受伤，还有可能伤及头部，因此需要特别的注意。

宝宝照护 Q&A

沐浴后进行按摩和宝宝体操

在沐浴后或是换尿布时，妈妈可以对宝宝进行轻微地按摩。按摩时妈妈的手直接接触宝宝的皮肤，宝宝可以感受到妈妈手的移动，以刺激循环器官和免疫系统，有促进血液循环的作用。

七月宝宝副食品食谱

西红柿

热量 每100克	16 卡
维生素C 每100克	3100 毫克

富含维生素C、钙、磷、铁、茄红素、苹果酸。

7
个月

西红柿柚子汁

食材的 挑选

大西红柿选绿的，小西红柿选红的。

大型西红柿以果形丰圆、果色绿，但果肩青色、果顶已变红者为佳；中小型西红柿以果形丰圆，果色鲜红者为佳，越红则代表茄红素含量越多。

准备的 工作

先冲洗，再去蒂头。

以流动小水流仔细清洗，一般人习惯边洗边去蒂头是错误的，正确方式应先清洗完毕再去蒂头，以免污水从缝隙处渗入污染果肉组织，危害人体健康。

保存的 方法

西红柿分开放不腐坏。

购买回家的西红柿可直接放入冰箱冷藏，不过为避免西红柿挤压造成腐烂，放置时请不要将西红柿紧靠在一块。

材料：

（宝宝一餐份）

柚子200克
西红柿100克
蜂蜜少许

制作方法：

1. 柚子洗净，去皮，取出果肉。

2. 将西红柿洗净，切块，与柚子肉、冷开水一起放入果汁机内，搅打成果汁。

3. 饮用前，加入适量蜂蜜即可。

小提醒：

本饮品有开胃消食、健脾和胃的功效，适量食用还能防治便秘。柚子含有丰富的有机酸、维生素A、维生素C等营养，可以补充身体所需的多种营养元素。

西红柿豆腐泥

材料：

（宝宝一餐份）
西红柿250克
豆腐200克

制作方法：

1. 豆腐洗净，压成泥状；西红柿洗净，氽水后去皮、去籽，切成粒。

2. 豆腐和西红柿搅匀成豆腐泥，放入盘中。

3. 再将整盘放入电锅中蒸熟即可。

小提醒：

豆腐富含钙，可促进身体发育，有利于宝宝健康成长。西红柿的苹果酸和柠檬酸等有机酸，有增加胃液酸度、帮助消化、调整胃肠功能的作用。

西红柿牛肉粥

材料：

（宝宝一餐份）
白米粥60克
牛肉末20克
西红柿50克
土豆50克
高汤60毫升

制作方法：

1. 将土豆蒸熟后，去皮、磨泥。

2. 西红柿用开水氽烫后，去皮、去籽，剁细碎。

3. 锅中放入高汤和白米粥煮滚，再放入牛肉末、西红柿熬煮一下，最后放入土豆泥搅拌均匀，略煮即可。

小提醒：

用手机扫一扫二维码，视频马上看，让爸妈边看边学！

促进能力小游戏

触觉发展游戏／肌肉发展游戏

触觉发展游戏可以激发宝宝的积极情绪；肌肉发展游戏则可以锻炼宝宝的手臂肌肉，并培养宝宝跟着音乐节奏运动的能力。

游戏提示

触觉发展游戏

妈妈可以准备一杯温度微微有点高的水，放在宝宝面前，告诉他这个很烫，很危险。然后牵着宝宝的小手，轻轻地摸一下水杯的外壁，重复说这是"烫"，以加深其记忆。

肌肉发展游戏

宝宝喜欢用手抓住东西，用它敲敲打打，这对动作协调性很有帮助，而且很有趣。给他很多可以发出声响的玩具，让他自由组合，可以锻炼宝宝的手脚能力和手眼配合能力。

1 触觉发展游戏：冷热感觉

1.找一个天气暖和的日子到户外去。在草地上铺一条毯子，和宝宝坐在上面。

2.拔一根小草，用它轻轻地搔宝宝的胳膊。

3.让宝宝肚子朝下趴着，把宝宝的手放在草地上并前后移动。不断地用小草刺激宝宝，让他看清楚小草。

4.宝宝一看见小草，就会非常兴奋。

2 肌肉发展游戏：敲木勺

1.给宝宝一个木勺并鼓励其敲击地面。

2.和宝宝一起敲，边敲边唱你喜欢的歌。

3.用下面的韵律敲击木勺："砰，砰，碰；砰，砰，碰，木勺敲得砰砰碰。"

妈妈生活记录表

宝贝又长大咯！

宝宝开始迈入学习社会化的关键时期

照片黏贴处

妈妈笔记

照片黏贴处

宝宝生活与成长记录表

	Day1	Day2	Day3	Day4	Day5	Day6	Day7	
🕐								头围
🛒								
🍼								体重
💩								
🦆								身高
🧸								
👙								

🕐 时间　🛒 睡觉　🍼 喝奶　💩 便便　🦆 洗澡　🧸 玩耍　👙 尿布

Part.8
第八个月的
宝宝

宝宝的发育

宝贝的生长知识大汇整

来到宝宝出生的第八个月，这个月的宝宝可以将视觉和认知连结起来，也可以将自己所说的话和别人的反应做连结，代表宝宝不再只是单一的能力增进，而可以将所接收到的讯息相互连结。

宝宝的发育

体重

本月男宝宝体重为7.8～10.3千克，女宝宝体重为7.2～9.1千克，本月增长量为0.22～0.37千克。

身高

男宝宝此时的身高为64.1～74.8厘米，女宝宝为62.2～72.9厘米，本月可增长1.0～1.5厘米。

头围

男宝宝的本月头围平均值45厘米，女宝宝平均值为43.8厘米，在这个月平均增长0.6～0.7厘米。囟门还是没有很大变化，和上一个月看起来差不多。

视觉与语言能力

这个月龄的宝宝对看到的东西有了直观思维和认识能力，如看到奶瓶就会与吃奶联系起来，看到妈妈端着饭碗过来，就知道妈妈要喂他吃饭了；如果故意把一件物品用另外一种物品挡起来，宝宝能够初步理解那种东西仍然还在，只是被挡住了；开始有兴趣有选择地看东西，会记住某种他感兴趣的东西，如果看不到了，可能会用眼睛到处寻找。

孩子的发音从早期的咯咯声或尖叫声，向可识别的音节转变。他会笨拙地发出"妈妈"或"拜拜"等声音。当你感到非常高兴时，他会觉得自己所说的具有某些意义，不久他就会利用"妈妈"的声音召唤你或者吸引你的注意了。

除了发音之外，孩子在理解成人的语言上也有了明显的进步。他已能将母亲说话的声音和其他人的声音区别开来，可以区别成人的不同的语气，如大人在夸奖他时，他能表示出愉快的情绪，听到大人在责怪他时，则表示出懊丧的情绪。

运动能力

此时孩子可以在没有支撑的情况下坐起，而且坐得很稳，可独坐几分钟，还可以一边坐一边玩，还会左右自如地转动上身也不会倾倒。尽管他仍然不时向前倾，但几乎能用手臂支撑身体了。

因为现在他已经可以随意翻身，一不留神他就会翻动，所以在任何时候都不要让孩子独处。

多了解宝宝一点

了解他人情感

如果对孩子十分友善地谈话，他会很高兴；如果你训斥他，他会哭。从这点来说，此时的孩子已经开始能理解别人的感情了，并懂得大人的面部表情，大人夸奖时会微笑，训斥时会表现出委屈的样子。而且喜欢让大人抱，当大人站在孩子面前，伸开双手招呼孩子时，孩子会发出微笑，并伸手表示要抱。

宝宝的饮食
与照护

生活细节知识一把抓

要让宝宝长得又高又壮，爸妈必须从零岁时期就开始做好准备，除了要让宝宝有充足的钙质来源，也要避免让宝宝摄取加工食品，并且确保宝宝饮食营养均衡。

宝宝的饮食

钙是人体不可或缺的营养，也是保证大脑持续工作的物质。钙可保持血液呈弱碱性的正常状态，防止人陷入酸性易疲劳体质。充足的钙可促进骨骼和牙齿的发育，并抑制神经的异常兴奋。钙严重不足可导致性情暴躁、好动、抗病力下降、注意力不集中、智力发育迟缓甚至弱智。

补钙的方式

补钙的方式有两种，服用钙剂和饮食补钙。最常用的补钙食物莫过于奶类及奶制品，这类食物含钙丰富且容易吸收。奶和奶制品还含有丰富的矿物质和维生素，其中的维生素D，可以促进钙的吸收和利用。优酪乳也是一种非常好的补钙食品，它不仅可以补钙，其中的有益菌还可以调节肠道功能，适合于各类人群。

宝宝饮食 Q&A

补钙就能长得好吗？

多数家长认为只要摄取足够的钙，孩子就会长得又高又壮，这是错误的观念。除了补充钙质外，爸妈还要确保孩子减少加工食品的摄取，以及营养摄取的均衡，如此才能孩子保证良好的发育。

对于那些不喜欢牛奶或者对乳糖不耐受的人来说，可以多食用一些替代食物，如牡蛎、紫菜、大白菜、西兰花、大头菜、萝卜、小白菜等。不过，补钙也应适量，过量则有害。

宝宝的照护

由轮状病毒引起的肠炎，分为病毒性肠炎和细菌性肠炎。经常发生在新生儿身上的肠炎大部分为病毒性肠炎，其中最普遍的就是假性霍乱。假性霍乱是由轮状病毒引起的疾病，从初秋时节开始肆虐。

患了肠炎后，通常会先发烧。紧接着开始腹泻和呕吐，症状严重时还会在腹痛的同时伴有腹泻和呕吐，它可能引起脱水，甚至会威胁生命。起初呕吐的是摄取的食物，症状严重后将吐出混有胆汁的绿色胃液。几小时后开始腹泻，吃奶的婴儿会排出白色像淘米水的粪便。腹泻持续2～3小时，如果在这期间未摄取到足够的水分，则很容易引起脱水症状。

发生脱水时，婴儿脸色苍白、唾液干涸、尿液量显著减少，而且哭泣时不见眼泪。肠炎因为伴随着发烧，容易使妈妈误认为是单纯的感冒。发烧严重时，应当先用退热剂降温。如果宝宝抵触退热剂，可以尝试使用栓剂。使用栓剂和服用口服药一样，都要掌握恰当的量。如果用药后发烧症状依然严重，可以用30℃左右的温水擦拭全身。

呕吐和腹泻严重时，容易引起脱水，因此应当经常喂电解质溶液。另外，需要按照专业医生的指示，小心地喂宝宝母乳或米粥、运动饮料、大麦茶、利于治疗肠炎的特殊奶粉等食物，以补充营养。腹泻可能会使婴儿臀部溃烂，因此应当时时刻刻保持其肌肤清洁。

宝宝照护 Q&A

如何预防肠炎？

肠炎有很强的感染性，因此预防最重要。平日要勤洗手，并保持环境的清洁。接触过腹泻的婴儿后，尤其是换完尿布之后，应用肥皂洗手。此外，要认真地清洗宝宝的手和脸，经常给宝宝更换衣服并要细心地洗涤。

八月宝宝副食品食谱

红枣

热量 每100克	116 卡
维生素C 每100克	243 毫克

富含蛋白质、脂肪、钙、磷、铁、维生素C。

8 个月

参汤鸡肉粥

食材的 挑选

紫红且圆整为首选，末端有洞为虫蛀。

挑选红枣要选择皮色紫红、果形圆整，且颗粒大而均匀、皮薄核小、肉质厚而细实的最好。若是红枣蒂端出现深色粉末或孔洞，则代表它被虫蛀了。

准备的 工作

禁止浸泡，以小水流冲洗。

食用红枣前，还应以流动小水流冲洗5~10分钟，尽量不要采用浸泡的方式，以免残存的农药再次进到果肉组织里。

保存的 方法

冰箱保存避免腐坏。

红枣的营养成分与含水量高，建议放置冰箱保存，以免滋生细菌而腐坏，如若发现发霉、变色的现象，则代表不宜再食用了。

材料：

（宝宝一餐份）

白米粥45克
糯米粥15克
红枣2个
松子4个
鸡肉20克
人参鸡高汤
适量

制作方法：

1. 在人参鸡高汤中，捞出不带肥油的鸡肉，切碎备用。

2. 红枣去核，水煮后磨碎；松子去除软皮后也磨碎。

3. 将白米粥和糯米粥倒入锅中，加入人参鸡高汤熬煮，再放入鸡肉一起烹煮。

4. 最后放入剁碎的红枣和松子炖煮片刻即可。

小提醒：

鸡肉含有丰富的不饱和脂肪、胶质、蛋白质等，能增进代谢循环，很适合宝宝食用。

8 个月

银杏栗子鸡蛋粥

材料：

（宝宝一餐份）

白饭30克
银杏2个
红枣1个
栗子1个
水适量
煮熟的
蛋黄半个

制作方法：

1. 银杏、红枣煮熟后去皮、去籽，剁碎。

2. 将栗子煮熟后去皮，并磨成泥；再把鸡蛋水煮后，取出蛋黄备用。

3. 让白饭和水一起熬煮，煮沸时加入红枣，待粥变得浓稠时，加入银杏、栗子泥和蛋黄搅拌均匀即可关火。

小提醒：

红枣吃多了，宝宝可能会出现肚子胀气或腹泻的现象，建议妈妈一天喂食一次。

8 个月

红枣茯苓粥

材料：

（宝宝一餐份）

红枣10克
茯苓20克
山药20克
粳米50克
红糖少许

制作方法：

1. 将所有材料洗净，放入锅中加水煮成粥。

2. 最后加上适量红糖调味即可。

小提醒：

腐烂的红枣在微生物的作用下会产生果酸和甲醇，吃了之后会出现头晕、视力障碍等中毒反应，严重者可能会危及生命，因此腐烂的红枣不宜吃。

促进能力
小游戏

听觉发展游戏 / 情感发展游戏

听觉发展游戏"哪里来的声音"可以刺激宝宝听觉，同时培养宝宝空间知觉能力；情感发展游戏"一起跳支舞"则可以传递亲情，并训练宝宝跟着音乐节奏跳舞。

游戏提示

听觉发展游戏"哪里来的声音"

听觉认知是随着年龄、经历的增长而逐渐形成的。经常做一些能够提高宝宝听力的游戏，有助于宝宝大脑的发育。

情感发展游戏"一起跳支舞"

如果宝宝会爬了，宝宝躺在床上的时候，你可以把他的头部微微抬高，然后快乐地表演舞蹈。看见妈妈的笑容，宝宝能够理解你的情绪。

1 听觉发展游戏"哪里来的声音"

1.准备一个能上发条的音乐玩具，但不要让宝宝看到。

2.拧紧发条，当其发出音乐声，然后问宝宝："哪里来的声音？"

3.当宝宝把头转向声源，要大声赞扬。

4.在房间的不同地方重复这个游戏。

2 情感发展游戏"一起跳支舞"

1.把宝宝抱在怀里，边绕着屋子转圈边唱你最喜欢的歌，只要是你最喜欢的歌就行。

2.宝宝将感受到你的愉悦，自己也很高兴。

3.试试进行曲的旋律，边转边喊："一、二、三、四……"

4.你也可以摇摆、转身、用足尖走，甚至是大步走。

妈妈生活记录表

饮食　　运动　　不适感

Week 1		Day1	Day2	Day3	Day4	Day5	Day6	Day7	
月 日 ₹ 月 日									腰围
									体重

Week 2		Day1	Day2	Day3	Day4	Day5	Day6	Day7	
月 日 ₹ 月 日									腰围
									体重

Week 3		Day1	Day2	Day3	Day4	Day5	Day6	Day7	
月 日 ₹ 月 日									腰围
									体重

Week 4		Day1	Day2	Day3	Day4	Day5	Day6	Day7	
月 日 ₹ 月 日									腰围
									体重

宝贝又长大咯！

宝宝开始迈入学习社会化的关键时期

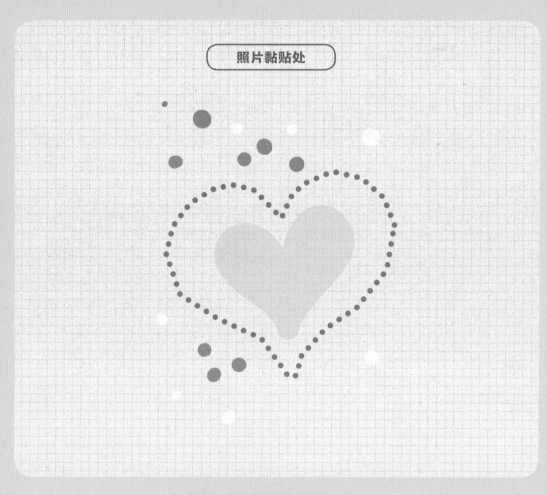

照片黏贴处

妈妈笔记

照片黏贴处

宝宝生活与成长记录表

⏰	Day1	Day2	Day3	Day4	Day5	Day6	Day7	
🛒								头围
🍼								
💩								体重
🛁								
🧸								身高
👶								

⏰ 时间　🛒 睡觉　🍼 喝奶　💩 便便　🛁 洗澡　🧸 玩耍　👶 尿布

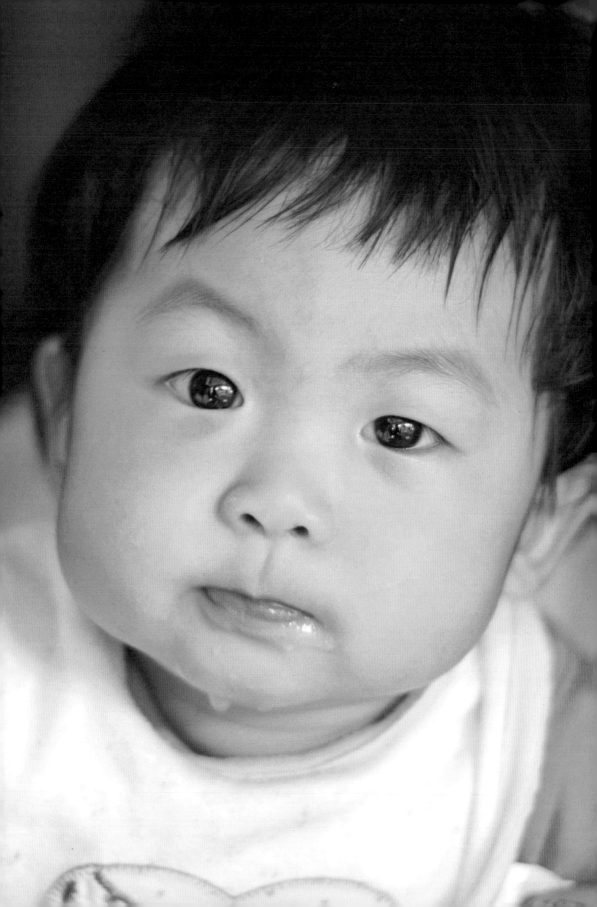

Part.9
第九个月的宝宝

宝宝的发育

宝贝的生长知识大汇整

到宝宝出生的第九个月，这个月的宝宝视觉能力有很大的提高，还学会了记忆，能认出爸爸妈妈啦！这个月可经常放音乐给宝宝听，还要多和宝宝说话，可很好地锻炼他的听觉和语言能力。

宝宝的发育

体重与身高

满9个月时，男婴体重平均9.2千克，身高平均72.3厘米，头围约45.4厘米；女婴体重平均8.6千克，身高平均70.4厘米，头围约44.5厘米。

视觉能力

这个月宝宝学会了有选择地看他喜欢看的东西，如在路上奔跑的汽车，玩耍中的儿童、小动物，也能看到比较小的物体了。宝宝会非常喜欢看会动的物体或运动着的物体，比如时钟的秒针、钟摆，滚动的扶梯，旋转的小摆设，飞翔的蝴蝶，移动的昆虫等，也喜欢看迅速变幻的电视广告画面。

随着视觉的发展，宝宝还学会了记忆，并能充分反映出来。宝宝不但能认识爸爸妈妈的长相，还能认识爸爸妈妈的身体和穿的衣服。如果家长拿着不同颜色的玩具多告诉宝宝几次每件玩具的颜色，然后将不同颜色的玩具分别放在不同的地方，问宝宝其中一个颜色，那么宝宝就能把头转向那个颜色的玩具。

听觉能力

听觉方面，宝宝在这时懂得区分

音的高低，对音乐的规律也有了进一步的了解，通过爸爸妈妈的引导，宝宝可以根据音乐的开始和终止挥动双手"指挥"。如果播放节奏鲜明的音乐，让宝宝坐大人腿上，大人从身后握住宝宝前臂，带领宝宝跟着音乐的强弱变化手臂幅度大小进行"指挥"的话，经过多次训练后，宝宝就能不在大人带领下，跟着音乐有节奏地"打拍子"。

语言能力

现在他能够理解更多的语言，与你的交流具有了新的意义。在他不能说出很多词汇或者任何单词以前，他可以理解的单词可能比你想像的多。此时尽可能与孩子说话，告诉他周围发生的事情，要让你的语言简单而特别，这样可增加孩子的理解能力。

运动能力

这个月，宝宝已经能扶着周围的物体站立。扶立时背、髋、腿能伸直，挽扶着能站立片刻，能抓住栏杆从坐位站起，能够扶物站立，双脚横向跨步。也能从坐位主动地躺下变为卧位，而不再被动地倒下。由原来的手膝爬行过渡到熟练地手足爬行，由不协调到协调，可以随意改变方向，甚至爬高。

多了解宝宝一点

依恋熟悉的环境与人

之前一段时期，宝宝是坦率、可爱的，而且和你相处得非常好；到这个时候，她也许会变得紧张执着，而且在不熟悉的环境和人面前容易害怕。宝宝行为模式之所以发生巨大变化，是因为他有生以来第一次学会了区分陌生人与熟悉的环境。

宝宝对妈妈更加依恋，这是分离焦虑的表现。当妈妈走出他的视野时，他知道妈妈就在某个地方，但没有与他在一起，这样会导致他更加紧张。情感分离焦虑通常在10~18个月期间达到高峰，在1岁半以后慢慢消失。妈妈不要抱怨宝宝具有占有欲，应努力给予宝宝更多的关心和好心情。

宝宝的饮食与照护

生活细节知识一把抓

许多营养不但可以维持身体机能，还对宝宝的大脑有益智作用，爸妈要多为宝宝准备这些营养，可以让宝宝大脑更加灵活。

宝宝的饮食

大多数爸妈都希望宝宝变得更加聪明，除了在能力的训练上，摄取对大脑有益的含有不同营养成分的食物也可以益智健脑喔！对含有蛋白质、B族维生素、维生素A等营养的食物进行合理的饮食搭配，即可增强大脑的功能，使大脑的灵敏度和记忆力增强，又可清除影响脑功能发挥的不良因素。

这些营养益智健脑

蛋白质是智力活动的物质基础，在记忆、语言、思考、运动、神经传导等方面都有重要作用。补充蛋白质的最佳食物有瘦肉、鸡蛋、豆制品、鱼类、贝类等。

B族维生素是智力活动的助手，也是蛋白质的助手。B族维生素严重不足时，会引起精神障碍，易烦躁，思想不集中，难以保持精神安定。补充B族维生素的最佳食物有香菇、黄绿色蔬菜、坚果类等。

维生素A是促使脑部发达的物质。维生素A可促进大脑、骨骼的发育。补充维生素A的最佳食物有鳝鱼、牛乳、奶粉、胡萝卜、韭菜、橘子类等。

适量不过量

爸妈不要认为营养摄取是愈多愈好的，每种营养皆适量摄取为宜，若是某种营养或是食物摄入过多，对宝宝是会造成伤害的，因此为宝宝安排饮食计划时，最重要的即是营养均衡摄取。

宝宝的照护

瘀青的照护

宝宝摔倒后，有时手臂和腿上会出现瘀血青肿，但没有外伤，这时不必过分担心。只要经过2～3天，婴儿身上的青肿就会逐渐消退。但是，如果婴儿的伤口凹陷，或触摸时婴儿感到非常疼痛，就应到医院进行诊断。

婴儿身上有瘀伤时，要抬高患部，用水或硼酸水降低患部的温度。当患部红肿或疼痛严重时，用冷毛巾或冰袋等冷敷。肿胀消退后，可以停止冷敷，观察状态。如果肿胀消退，留下了青肿痕迹，需要再观察2～3天。

伤口的照护

出现裂伤时，伤口部位会流血、流脓，如果对伤口置之不理，几日后会溃烂流脓。这不仅会增加日后治疗的难度，而且治愈后也会留下疤痕。所以，即使是很小的裂伤，如果出现在脸部，或伤口长度在7毫米以上，就应去医院治疗。

当出现裂伤时请遵循"冲、擦、敷、看"4步骤：先以生理食盐水或干净的水冲洗伤口；然后用纱布或消毒棉花以"沾点"方式擦拭；敷上消淡药膏或人工皮亲水敷料；逐日观察伤口愈合状况。当伤口部位沾有泥土，或比较肮脏时，首先要用流动的水清洗伤口，并用双氧水消毒。然后将干净的纱布按压伤口几分钟止血。止血后，涂上含有抗生素的软膏，覆上干燥的纱布，贴上创可贴。伤口长度在6～7毫米以下时，只要对准伤口贴好创可贴，通常1周后就会自行愈合。

多了解宝宝一点

注意环境安全，让宝宝放心玩。

这个时期的宝宝急切地想让自己完成一些事情，例如自己用饭匙吃饭等，如果不加考虑地一概否定，就等于扼杀了宝宝的探索心。妈妈应当预先收起可能对宝宝造成危险的物品，在安全的范围内让宝宝尽情地玩耍。

九月宝宝副食品食谱

柳橙

热量 每100克
52 卡

维生素C 每100克
33 毫克

富含 B 族维生素及维生素 C、膳食纤维、钙、柠檬酸、果胶。

橙汁拌豆腐

食材的 挑选

较重的柳橙水分更充足。

同样的果实大小，应挑选较重的那个，代表水分充足。挑选时，以果色橙黄、香气浓郁、果形椭圆者为上选。

准备的 工作

食用前才清洗，小水流冲掉农药。

柳橙买回家时，若没有要马上食用，避免立刻用水洗，否则会缩短保存期限。洗涤时，须在流动小水流下冲洗5至10分钟，将残留农药全部洗去。

保存的 方法

一周以内食用完毕，确保营养不流失。

柳橙虽然相较其他水果保存时间较久，但购买后仍要快点食用完毕。一般情形下，柳橙可在通风处最多置放5天，放在冰箱保存则可多延长1周。

材料：

（宝宝一餐份）

嫩豆腐50克
柳橙50克
水适量
水淀粉5毫升

制作方法：

1. 嫩豆腐放入水中煮熟。

2. 柳橙榨汁备用。

3. 橙汁和水倒入锅中煮沸，再倒入调好的水淀粉搅拌均匀。

4. 最后把豆腐盛在碗中，淋上调好的橙汁即可。

小提醒：

豆腐是大豆加工食品，味道清淡、易消化，含有蛋白质，适合作为宝宝断乳食材。柳橙含有丰富的维生素C，可预防感冒，其味道酸甜，还可增加宝宝食欲。

9
个月

香橙南瓜糊

材料：

（宝宝一餐份）

南瓜20克
柳橙汁30毫升

制作方法：

1. 蒸熟后的南瓜去皮，趁热磨成泥。

2. 将南瓜泥与柳橙汁放入锅中搅拌均匀，煮开即完成。

小提醒：

南瓜富含多种营养素，颜色越黄，其β-胡萝卜素的含量愈高，甜度也就越高。

9
个月

水果乳酪

材料：

（宝宝一餐份）

柳橙25克
猕猴桃25克
苹果25克
乳酪30克

制作方法：

1. 将柳橙取出果肉后，去籽、切小块；苹果洗净后，去皮、切小块。

2. 将去皮的猕猴桃放入研磨器内，用汤匙捣碎成黏稠状。

3. 取容器，将柳橙和苹果放入里面，加入松软的乳酪搅拌均匀。

4. 最后将猕猴桃泥淋在上面即可完成这道点心。

小提醒：

猕猴桃含有丰富的纤维质、果胶及多种氨基酸，有助于改善宝宝消化不良、食欲不振、皮肤斑点等症状。

促进能力小游戏

听觉发展游戏 ／
注意力发展游戏

听觉发展游戏"摇一摇"可以帮助宝宝听觉发展，并培养宝宝倾听，同时可训练宝宝上肢肌肉动作；注意力发展游戏"找玩具"则可以训练宝宝注意力，安定宝宝情绪，并让宝宝体验找玩具的乐趣。

游戏提示

听觉发展游戏"摇一摇"

你也可以用透明的塑胶瓶子做成摇铃，宝宝会很高兴在摇动时看到里面的小石子或扣子晃动，这也有利于训练其语言与动作联系的能力。

注意力发展游戏"找玩具"

如果宝宝对这样的游戏感兴趣时，可以当着宝宝的面，把玩具藏在自己背后，摊开手对宝宝说："玩具在哪里？"将自己的身体靠近宝宝，让他的小手能够摸到你。牵引宝宝的小手去取出玩具，不断重复，很快，宝宝就能独立完成。

1 听觉发展游戏"摇一摇"

1.将小石子或者纽扣放入一个透明塑料瓶子里，盖上盖子，做成摇铃。

2.妈妈拿着摇铃，对着宝宝说："摇一摇，响叮当。"

3.宝宝会注视着妈妈手上摆动的摇铃，还会听到摇铃发出的响声；妈妈也可以把摇铃给宝宝握着，引导他做同样的动作。

2 注意力发展游戏"找玩具"

1.给宝宝看一下他最喜欢的玩具，然后再把它藏在妈妈手里。

2.鼓励宝宝寻找玩具，问他："它在天上吗？"然后抬头看看天。

3.问他："它在我的手里吗？"

4.妈妈说："是呀！它在这儿。"伸开手掌，给宝宝看玩具。

妈妈生活记录表

饮食　　　　运动　　　　不适感

Week 1		Day1	Day2	Day3	Day4	Day5	Day6	Day7	
月									腰围
日 ～ 月									
日									体重

Week 2		Day1	Day2	Day3	Day4	Day5	Day6	Day7	
月									腰围
日 ～ 月									
日									体重

Week 3		Day1	Day2	Day3	Day4	Day5	Day6	Day7	
月									腰围
日 ～ 月									
日									体重

Week 4		Day1	Day2	Day3	Day4	Day5	Day6	Day7	
月									腰围
日 ～ 月									
日									体重

宝贝又长大咯！

宝宝开始迈入学习社会化的关键时期

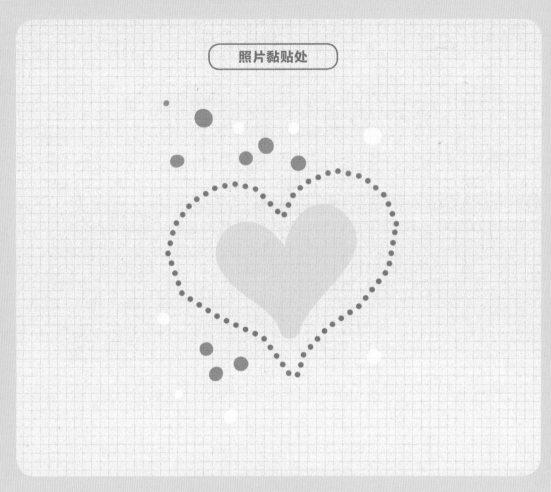

照片黏贴处

妈妈笔记

照片黏贴处

宝宝生活与成长记录表

	Day1	Day2	Day3	Day4	Day5	Day6	Day7	
								头围
								体重
								身高

⏰时间 🚼睡觉 🍼喝奶 💩便便 🛁洗澡 🎎玩耍 👙尿布

Part.10

第十个月的宝宝

宝宝的发育

宝贝的生长知识大汇整

宝宝出生第十个月，除了会自己回应他人话语，更会进一步要求对方回应自己。爸妈若是在此时多多与宝宝进行语言上的交流，可以有效提升宝宝的语言能力。

宝宝的发育

体重与身高

男宝宝在这个月重9.22～9.44千克，高72.5～73.8厘米；女宝宝在这个月体重为8.58～8.8千克，身高71.0～72.3厘米。本月宝宝体重将增加0.22～0.37千克，身高仍和上个月一样，增长1～1.5厘米。

视觉能力

宝宝的眼睛在这个月，开始具有了观察物体不同形状和结构的能力，成为认识事物、观察事物、指导运动的有力工具。从这个月开始，宝宝会通过看图画来认识物体，并很喜欢看画册上的人物和动物；同时，宝宝还学会了察言观色，尤其是对爸爸妈妈的表情有比较准确的把握，如果大人对着宝宝笑，他就明白这是在赞赏他，他可以这么做。但这时的宝宝还不具备辨别是非的能力。

听觉能力

宝宝的声音定位能力已发育很好，有清楚的定位运动，能主动向声源方向转头，也就是有了辨别声音方向的能力。

语言能力

此时的宝宝也许已经会叫妈妈、爸爸，能够主动地用动作表示语言。有些孩子周岁时已经学会2~3个词汇，但可能性更大的是，孩子周岁时所说的话是一些快而不清楚的声音。在他说话时，你反应越强烈就越能刺激孩子进行语言交流。婴儿若开始能模仿别人的声音，并要求成人有应答，就进入了说话萌芽阶段。另外，在成人的语言和动作引导下，他还能模仿成人拍手，做挥手再见和摇头等动作。

运动能力

此时的宝宝能够独自站立片刻，能迅速爬行，大人牵着手会走；这年龄阶段也是向直立行走过渡的时期，一旦孩子会独坐后，他就不再老老实实地坐着了，就想站起来了。孩子可以拉着栏杆从卧位或者座位上站起来，双手拉着妈妈或者扶着东西蹒跚挪步。有的孩子在这段时间已经学会一手扶物地蹲下捡东西。随着孩子学会随意打开自己的手指，他会开始喜欢扔东西。如果你将小玩具放在他椅子的托盘上或床上，他会将东西扔下，并随后大声喊叫，让别人帮他捡回来，以便他可以重新扔掉。如果你向孩子滚去一个大球，起初他只是随机乱拍，随后他就会拍打，并可以使球朝你的方向滚过去。

多了解宝宝一点

变得更加独立

随着时间的推移，孩子的自我概念变得更加成熟，如见陌生人和与你分离时几乎没有障碍，他自己也将变得更加自信。喜欢被表扬，喜欢主动亲近小朋友。以前你可能在他舒服时指望他能听话，但是现在通常难以办到，他将以自己的方式表达需求。

当他变得更加活跃时，你会发现你经常要说"不"，以警告他远离不应该接触的东西。但是即使他可以理解词汇以后，他也可能根据自己的意愿行事，父母必须认识到这仅仅是强力反抗将要来临的前奏。

在这个阶段，孩子可能会表现出害怕他曾经适应的物品或情况的现象。比如在这个时期，婴儿害怕黑暗、打雷和吸尘器的声音是很常见。

宝宝的饮食与照护

生活细节知识一把抓

好的体质应该从小打下基础，有些食物不仅富含营养，还能提升宝宝的免疫力，帮助宝宝增强体质，预防疾病。

宝宝的饮食

宝宝总是不明原因的啼哭？宝宝身体不好总是生病？这有可能是由宝宝身体中缺少了免疫力引起的，宝宝生病觉得不舒服了，自然会啼哭不止。免疫力是从宝宝时期开始培养的，因此爸妈可以在餐点中添加胡萝卜或是小米，可以有效帮助宝宝提升免疫力。

这些食物让宝宝更健康

胡萝卜营养丰富，含较多的胡萝卜素、糖、钙等营养物质，对人体具有多方面的保健功能，因此被誉为"小人参"。

儿童在生长过程中要比大人需要更多的胡萝卜素，胡萝卜素具有保护儿童呼吸道免受感染、促进视力发育的功效。缺乏维生素A的儿童容易患呼吸道感染，而胡萝卜素在人体内可转变为维生素A。

小知识补充

爸妈也可添加这几种食物

除了上面提到的胡萝卜和小米，还有很多食物也可以增进宝宝抵抗力，如可以净化儿童肠胃的黑木耳、可提升人体免疫力的蘑菇、增进宝宝抗病能力的西红柿，以及富含锌元素、可以帮助宝宝抵抗外来疾病的苹果。

小米富含淀粉、钙、磷、铁、B族维生素、维生素E、胡萝卜素等。小米虽然脂肪含量较低，但大都为不饱和脂肪酸，而B族维生素及不饱和脂肪酸都是生长发育必需的营养物质，特别是不饱和脂肪酸，对儿童大脑发育有益处。

宝宝的照护

肺炎是因为肺部感染而产生发炎，是一种比较严重的呼吸器官疾病。肺炎大多由病毒引起，发烧、感冒等肺炎主要症状与感冒相似，但高烧和呼吸困难却和感冒不同。罹患肺炎时，婴儿呼吸困难，呼吸次数每分钟超过50次。每次呼吸时鼻子都会一张一合，脸和嘴唇、手指、脚趾变得苍白。

有些婴儿会出现腹泻、痉挛症状，变得毫无气力，食欲不振。罹患病毒性支气管炎时，会突然出现恶寒，身体温度会升至39～40℃。刚罹患肺炎时，症状较轻，起初可能会被误当成感冒治疗，几天后才能诊断出肺炎。到小儿科医院检查时，如果医生怀疑为肺炎，可能会拍摄X光片或建议你带宝宝到大医院检查。

宝宝照护 Q&A

症状好转了就可以停止服药了吗？

有些父母认为药物对人体不好，因此在给宝宝吃药时，如果症状有所好转，就会停止服用，这种做法并不好，药物必须吃完一定疗程才能奏效，如果提前停药，会提高疾病复发的概率，可能延误病情导致更大的危害。

十月宝宝副食品食谱

樱桃

热量 每100克	43 卡
维生素C 每100克	35 毫克

富含类胡萝卜素、维生素C、膳食纤维以及花青素。

10 个月

樱桃柚子汁

食材的 挑选

颜色暗红甜度高，果皮起皱不新鲜。

新鲜的樱桃果梗呈绿色，而甜度最高的果色为暗红，鲜红色的则有点酸味。挑选时，应避开果皮起皱的，通常越皱便代表离果实采收时间越久。

准备的 工作

先清洗再去梗。

清洗樱桃时，不要立即去除梗，先把樱桃浸泡在流动小水流中10至15分钟，然后以大量清水仔细冲洗，最后使用开水洗完便可。

保存的 方法

保鲜期七天，须冷藏以保鲜。

樱桃在适当保存条件下，最多可保存7天时间，若没有要立即食用，建议不要马上清洗，否则很容易变质。购买后应立即存放在零度冷藏柜中。

材料：
（宝宝一餐份）
柚子100克
樱桃20克
冷开水30毫升
果糖少许

制作方法：

1. 将柚子、樱桃洗净，去核后切块。

2. 将所有材料放入果汁机中，搅打均匀。

3. 滤除果肉，把果汁倒入杯中即可。

小提醒：

樱桃含有丰富的铁元素，可以提高人体免疫力、蛋白质合成以及能量代谢。柚子有增强体质功效，能使身体更易吸收钙及铁质。

10
个月

樱桃牛奶

材料：

（宝宝一餐份）

樱桃10颗
牛奶50毫升
蜂蜜适量

制作方法：

1. 将樱桃洗净、去核，放入果汁机中，再倒入牛奶与蜂蜜打成汁。

2. 滤除果肉即可饮用。

小提醒：

牛奶中含有大量的钙，能够满足成长发育的需要。如果缺钙，会影响牙齿的发育以及骨骼的生长。樱桃富含铁，能够强化免疫功能，促进血液的带氧功能。

10
个月

水果煎饼

材料：

（宝宝一餐份）

土豆20克
西红柿25克
樱桃3个
香蕉20克
鸡蛋1个
配方奶15毫升
食用油5毫升
面粉20克
水适量

制作方法：

1. 将土豆去皮后，切丁、煮熟。

2. 西红柿、樱桃、香蕉各自去皮后，切丁。

3. 鸡蛋打散，加入配方奶、面粉和其他所有食材均匀混合后，倒入已热好的油锅中，煎成饼即可。

小提醒：

香蕉富含钾离子，可为宝宝补充钾元素。樱桃特殊的酸甜滋味，则会让宝宝食欲大开。但爸妈要注意，不要选择味道过酸的樱桃来制作断乳食。

促进能力
小游戏

视觉发展游戏 / 发音及辨认发展游戏

视觉发展游戏"照镜子"有助于宝宝的视觉发展；发音及辨认发展游戏"我的小手指"则可以提高宝宝的发音能力，且可以让宝宝学习辨认手指。

游戏提示

视觉发展游戏"照镜子"

照镜子对宝宝来说是很有趣的。游戏中还可以为宝宝戴上玩具小鼻子后，再让他照镜子；或者给宝宝围上小口罩，系上小围巾等，这些都会让宝宝感到新奇，他们往往会长时间地要求做这样的游戏的。

发音及辨认发展游戏"我的小手指"

当宝宝对上面的游戏过程参与兴趣不强时，可以将游戏换成让宝宝开始辨认五个手指头的区别。用蜡笔将轮廓描下来，让他对着自己的手指念：大拇指、食指、中指、无名指、小拇指，并适当重复游戏。

1 视觉发展游戏"照镜子"

1.照镜子，宝宝看得越多会越想看。

2.在照全身的时候，带着宝宝这样做：大声地笑一笑、晃晃身体的不同部位，一边做鬼脸一边发出声音。模仿动物的声音、前后摇摆等等。

2 发音及辨认发展游戏"我的小手指"

1.把宝宝的手放在你的手里。

2.从宝宝的小指头开始，用你的食指轻抚宝宝的每个手指头，并说名称，直到你摸到宝宝的食指。

3.把你的食指从宝宝的食指上滑下来，再滑到大拇指上，同时说："哇！大拇指。"当你摸到宝宝的大拇指尖时说："哇！大拇指。"

妈妈生活记录表

饮食　　运动　　不适感

Week 1	Day1	Day2	Day3	Day4	Day5	Day6	Day7	
月 日 ~ 月 日								腰围 体重

Week 2	Day1	Day2	Day3	Day4	Day5	Day6	Day7	
月 日 ~ 月 日								腰围 体重

Week 3	Day1	Day2	Day3	Day4	Day5	Day6	Day7	
月 日 ~ 月 日								腰围 体重

Week 4	Day1	Day2	Day3	Day4	Day5	Day6	Day7	
月 日 ~ 月 日								腰围 体重

宝贝又长大咯!

宝宝开始迈入学习社会化的关键时期

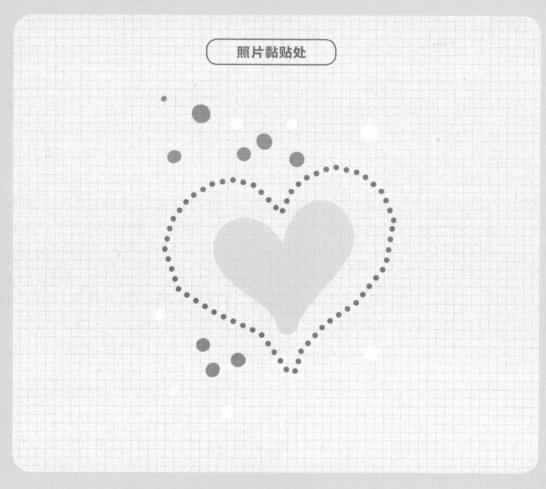

照片黏贴处

妈妈笔记

照片黏贴处

宝宝生活与成长记录表

🕐	**Day1**	**Day2**	**Day3**	**Day4**	**Day5**	**Day6**	**Day7**	
🛒								头围
🍼								
💩								体重
🐣								
🐷								身高
👙								

🕐 时间　🛒 睡觉　🍼 喝奶　💩 便便　🐣 洗澡　🐷 玩耍　👙 尿布

Part.11
第十一个月的宝宝

宝宝的发育

宝贝的生长知识大汇整！

十一个月大的宝宝已经可以扶物步行，爸妈可以适度地让宝宝试着自己扶着家里的沙发走路，有助于宝宝的平衡及运动能力发展。

宝宝的发育

体重与身高

这个月宝宝身高增长速度与上个月一样，平均增长1.0～1.5厘米，男宝宝的平均身高是73.08～75.2厘米，女宝宝的是72.3～74.7厘米；体重的增长速度也与上个月一样，平均增长0.22～0.37千克，男宝宝的平均体重是9.44～9.65千克，女宝宝的为8.50～9.02千克。

头围与囟门

此时头围的增长速度仍然是每月0.67厘米，越来越多的宝宝此时前囟已经快要闭合，但依然还有些宝宝的囟门仍很大。

语言能力

此时的宝宝，能准确理解简单词语的意思。在大人的提醒下会喊爸爸、妈妈。会叫奶奶、姑、姨等；会做一些表示词义的动作，如竖起手指表示自己1岁；能模仿大人的声音说话，说一些简单的词。可正确模仿音调的变化，并开始发出单词的声音。能很好地说出一些难懂的话，对简单的问题能用眼睛看、用手指的方法做出回答，如问他"小猫在哪里"，孩子能用眼睛看着或用手指着猫。喜欢发出"咯咯"、"嘶嘶"等有趣的声音，笑声也更响亮，并喜欢反复说会说的字。能听懂3~4个字组成的一句话。

运动能力

宝宝已经能牵着家长的一只手走路了，并能扶着推车向前或转弯走。还会穿裤子时伸腿，用脚蹬去穿鞋袜。还可以平稳地坐着玩耍，能毫不费力地坐到矮椅子上，能扶着家具迈步走。此时爸妈要对家里环境的安全更加严谨，因为宝宝更加地行动自如了。

这时勺子对孩子有了特殊的意义，他不仅可以将其用作敲鼓的鼓槌，还可以自己用勺子往嘴里送食物。

情绪和社交发展

此时的宝宝已经能执行大人提出的简单要求，会用面部表情、简单的语言和动作与成人交流。这时期的孩子能试着给别人玩具玩，心情也开始受妈妈的情绪影响。喜欢和成人交往，并模仿成人的举动。

在不断的实践中，他会有成功的愉悦感；当受到限制、遇到"困难"时，仍然以发脾气、哭闹的形式发泄因受挫而产生的不满和痛苦。在这个阶段，孩子与人交往的能力不断增强。

多了解宝宝一点

观察力大跃进

此时的宝宝已经能指出身体的一些部位；不愿意母亲抱别人，对母亲还是存有独占意识，不过已经不像之前那么黏妈妈，偶尔离开妈妈也已经不会像以前一样大哭大闹。

有初步的自我意识。喜欢摆弄玩具，对感兴趣的事物能长时间地观察，且喜欢反复扔东西。知道常见物品的名称并会表示。

此外，孩子能仔细观察大人无意间做出的一些动作，头能直接转向声源，也是词语—动作条件反射形成的快速期。

这时期的孩子懂得选择玩具，逐步建立了时间、空间、因果关系，如看见母亲倒水入盆就等待洗澡。

宝宝这样照顾

饮食、照护

生活细节知识一把抓

宝宝在此时必须维持充足的营养摄取，因此如果宝宝在此时呈现不喜欢吃饭的状态，爸妈要积极通过饮食和活动来调整宝宝的食欲。

宝宝的饮食

胃口不好的孩子常常不好好吃饭、一顿饭要吃上很长一段时间，即便家长喂饭，下咽也很困难。遇上这类孩子，家长总是特别羡慕别人家那些大口大口吃饭、吃得又快又多的孩子，可狠心让

小知识补充

刺激孩子产生饥饿感

如果孩子身体没问题，只是不喜欢吃饭，家长可以通过增加孩子的运动量，多进行户外活动，来刺激孩子的饥饿感。孩子感觉饿了，吃饭时就不会挑挑拣拣，而是感觉饭菜吃着特别香。

孩子饿一顿的方法用多了也不利于孩子的健康。孩子胃口不好，家长不妨试试下列方法。

宝宝没胃口怎么办?

在平时的饮食中添加温补的食材，可以让瘦小、面黄、没胃口的孩子吃得更香。取一段山药切成块，加水打成糊状，倒入锅中搅拌煮熟后就可以给孩子吃了。食用这些温补的食材可以帮助孩子健脾胃，滋养身体。

另外，也有为生病孩子所准备的方法，首先，先观察孩子的舌苔，如果偏白，说明孩子体内寒重，家长可以将鸡

蛋打散，然后在小锅里放半碗水、2~3片生姜、小半匙红糖，烧开5分钟后，用滚烫的生姜红糖水去冲鸡蛋，每天早晨让孩子起床后空腹喝上一小碗，能帮助胃肠功能的恢复。

宝宝的照护

烫伤处理方法

皮肤颜色像被太阳晒黑一样为1度烫伤，产生水泡为2度烫伤，露出皮下的白肉为3度烫伤。1度烫伤或小范围的2度烫伤，可以利用应急治疗避免留下疤痕。但如果2度烫伤范围大，或者有3度烫伤，必须直接到医院急诊。

出现烫伤时，应当先用冷水降温。最好转开水龙头冲洗患处，如果不方便时，可以将患处泡在冷水中降温。如果自行挑开水泡很容易引起感染，所以，最好让其自然消退。有1度烫伤或轻微的2度烫伤时，可以在患处降温后用凡士林纱布敷盖，或不涂抹任何药物任其自然恢复。水泡破裂后有被感染的危险，必须消毒，消毒时可以采用对宝宝娇嫩皮肤刺激较小的消毒水。

喉部阻塞处理方法

如果婴儿突然翻动眼球或出现呼吸困难的症状，就应检查喉咙是否有杂物。先查看食物或周围的物品，了解吞食了什么东西，然后立即采取措施。当婴儿吞食糖果、硬币等导致呼吸道堵塞时，可以将婴儿倒置，轻轻拍打背部或将食指探入婴儿喉咙中催吐。也可以利用真空吸尘器的细管吸出堵塞物。如果尝试过多种方法之后仍无法取出堵塞物，就应当立即动身去医院。如果堵塞物是糕饼等柔软的物品，应先使婴儿侧躺，然后将食指和中指探入喉咙中，取出物品。

小知识补充

预防意外发生，爸妈必须这样做。

上述所提到的烫烧以及喉部阻塞，都有可能造成宝宝严重危害，因此爸妈要做好预防准备，喝热饮或热汤时，一定要特别避免宝宝近身抓扯杯碗；另外，不让宝宝有机会拿到小物件，以免宝宝吞食造成喉部阻塞。

十一月宝宝副食品食谱

草莓

热量 每100克
32.5 卡

维生素C 每100克
60 毫克

富含维生素A、B族维生素、维生素C、叶酸、膳食纤维、鞣花酸。

11
个月

哈密瓜草莓汁

食材的 挑选

鲜红有光泽、香气十足、果肉坚实。

品质良好的草莓鲜红又有光泽，蒂头叶片鲜绿，没有任何损伤腐烂，还可嗅到浓郁香味。挑选时需注意，果肉坚实并紧连果梗的草莓方为上选。

准备的 工作

先浸泡，再冲洗，最后去蒂头。

首先，别急着去除蒂头，先把草莓浸泡在流动小水流10至15分钟，接着用大量清水仔细冲洗，去蒂头后，最后以开水洗完便可以立刻食用或入菜。

保存的 方法

有损伤先挑出，再连同外盒放置冰箱。

从卖场买回来的草莓大多不耐久放，保存时需连同外盒放入冰箱。在放入冰箱前，需检查草莓状况，若有损伤得挑出，否则容易加速腐败现象。

材料：

（宝宝一餐份）
哈密瓜100克
草莓100克

制作方法：

1. 哈密瓜洗净，取出果肉，切小块；草莓去蒂、洗净，切小块。

2. 将哈密瓜、草莓放入果汁机中，搅打均匀，倒入杯中。

3. 最后加少许凉开水拌匀即可。

小提醒：

哈密瓜中富含维生素A、B族维生素、膳食纤维及蛋白质等，能促进人体的造血功能，还可缓解身心疲惫、润肠通便。草莓则可明目养肝，对胃肠道有滋补调理作用。

190

草莓蛋蜜汁

材料：

（宝宝一餐份）

草莓80克
鲜奶150毫升
蜂蜜少许
蛋黄1个

制作方法：

1.将草莓去蒂，洗净。

2.所有材料放入果汁机中，搅打均匀即可。

小提醒：

对于春季容易出现的肺热咳嗽、嗓子疼、长火疖子等症状，草莓当中的营养元素都可以起到辅助治疗的作用。同时因为含铁，亦能够预防出现缺铁性贫血。

草莓猕猴桃汁

材料：

（宝宝一餐份）

草莓80克
猕猴桃1个

制作方法：

1.将猕猴桃洗净，去皮，切小块；草莓洗净，切小块。

2.将草莓、猕猴桃和适量水放入果汁机。

3.搅打成果汁，滤除果肉即可。

小提醒：

草莓中所含的胡萝卜素是合成维生素A的重要物质，具有明目养肝的作用；它还含有果胶和丰富的膳食纤维。猕猴桃则含有丰富的维生素C，可强化免疫系统。

促进能力小游戏

语言与动作连结游戏 / 平衡发展游戏

语言与动作连结游戏"摸摸看"有助于宝宝认识身体部位，并训练语言与动作的联系能力；平衡发展游戏"拉拉围巾"则可以发展身体的平衡能力，并且增强上肢力量。

游戏提示

语言与动作连结游戏"摸摸看"

如果你的宝宝已经能站立，也可以将图画挂在宝宝够得到的地方，牵着宝宝一起靠近图画，爸爸或者妈妈蹲下身来扶稳宝宝，防止宝宝跌倒。当宝宝很熟悉你的这个游戏后，就可以换成更多的内容。

平衡发展游戏"拉拉围巾"

这个游戏可以锻炼宝宝手臂上部的肌肉，宝宝绝对会喜欢。这个游戏对宝宝的上肢肌肉的发育非常有利，也能提高宝宝肌肉的灵活性。而且玩起来很有趣，宝宝很容易有成就感。

1 语言与动作连结游戏"摸摸看"

1. 在墙上挂一幅头像很大的人物画，抱着宝宝靠近。

2. 用清晰的语调把里面的内容念出来，如"额头、眼睛和笑脸"。

3. 边念边用手摸自己的额头、眼睛和脸。

4. 牵引宝宝的小手，去摸他的额头、眼睛和脸。

2 平衡发展游戏"拉拉围巾"

1. 和宝宝面对面坐在地板上。

2. 手抓住长围巾的一角，把另一角给宝宝。

3. 轻轻地移动长围巾，教宝宝怎么把它拉回去。

4. 当宝宝使劲儿拉的时候，你假装跌倒，宝宝会非常开心。

妈妈生活记录表

饮食　　运动　　不适感

Week 1	Day1	Day2	Day3	Day4	Day5	Day6	Day7	
月 日 〜 月 日								腰围 体重

Week 2	Day1	Day2	Day3	Day4	Day5	Day6	Day7	
月 日 〜 月 日								腰围 体重

Week 3	Day1	Day2	Day3	Day4	Day5	Day6	Day7	
月 日 〜 月 日								腰围 体重

Week 4	Day1	Day2	Day3	Day4	Day5	Day6	Day7	
月 日 〜 月 日								腰围 体重

宝贝又长大咯!

宝宝开始迈入学习社会化的关键时期

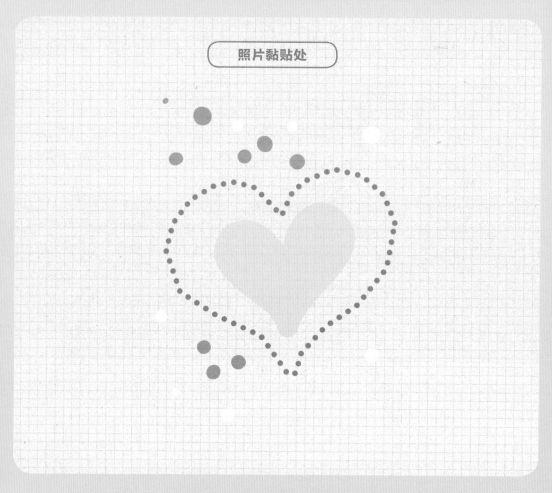

照片黏贴处

妈妈笔记

照片黏贴处

宝宝生活与成长记录表

⏰	Day1	Day2	Day3	Day4	Day5	Day6	Day7	
�baby车								头围
🍼								
💩								体重
🛁								
🐷								身高
👙								

⏰时间　�baby车睡觉　🍼喝奶　💩便便　🛁洗澡　🐷玩耍　👙尿布

Part.12
第十二个月的宝宝

宝宝的发育

宝贝的生长知识大汇整！

十二个月大的宝宝终于可以独自步行了！这对爸妈来说无疑是一个特别的时刻。不只可以独立步行，宝宝在此时也学会自己做许多其他事情，是个全新的里程碑。

宝宝的发育

体重与身高

男宝宝的平均体重是9.1～11.3千克，女宝宝为8.5～10.6千克，一般情况下，全年体重可增加6.5千克。本月男宝宝平均身高是73.4～88.8厘米，女宝宝71.5～77.1厘米，宝宝在这一年大约会长高25厘米。

头围

这个月宝宝的头围增长速度和上个月一样，依然是0.67厘米。一般情况下，全年头围可增长13厘米。满周岁时，如果男宝宝的头围小于43.6厘米，女宝宝的头围小于42.6厘米，则认为是头围过小，需要请医生检查，看发育是否正常。

语言能力

此时宝宝对说话的注意力日益增加。能够对简单的语言要求做出反应。对"不"有反应。会利用简单的姿势，例如摇头代替"不"。会利用惊叹词，例如"喔"。喜欢尝试模仿词汇。

这时虽然孩子说话较少，但能用单词表达自己的愿望和要求，并开始用语言与人交流。已能模仿和说出一些词语，所发出的一定的"音"开始有一定的具体意义，这是这个阶段孩子语言发音的特点。

孩子常常用一个单词表达自己的意思，如"外外"，根据情况，可能是表达"我要出去"或"妈妈出去了"；"饭饭"可能是指"我要吃东西或吃饭"的意思。

运动能力

一周岁的宝宝本领越来越大了。这时的宝宝已经能够独自站立，并且不用大人搀扶着也能走几步了，绕着家具走的行动也更加敏捷，弯腰、招手、蹲下再站起的动作更是不在话下。有些走路早的宝宝在这个时候已经可以自己走路了，尽管还不太稳，但对走路的兴趣很浓，并且在走路时双臂能上下前后运动，能牵着大人的手上下楼梯。宝宝的小手也更加灵活，能把书打开再合上，能自己玩搭积木，会穿珠子、投豆子，喜欢将东西摆好后再推倒，将抽屉或垃圾箱倒空，会试着自己穿衣服、穿袜子，会拿着手表往自己手上戴，还会独立完成一些简单的其他动作。而且在完成这些动作的时候更要求独立，如果家长要帮助他完成某些行动的话，宝宝可能会用"不"来表示抗拒。

多了解宝宝一点

通过模仿大人学习

此时孩子仍然非常爱动。在孩子周岁时，他将逐渐知道所有的东西不仅有名字，而且也有不同的功能。你会观察到他将这种新的认知行为与游戏融合，产生一种新的迷恋。例如：他不再将一个玩具电话作为一个用来咀嚼、敲打的有趣玩具，当看见你打电话时，将模仿你的动作。

此时他也许已经会随儿歌做表演动作。能完成大人提出的简单要求。不做成人不喜欢或禁止的事。隐约知道物品的位置，当物体不在原来的位置时，他会到处寻找。

对自我和他人的意识都在继续增强中，开始对小朋友感兴趣，愿意与小朋友接近、玩游戏。

宝宝这样照顾

饮食、照护

生活细节知识一把抓

宝宝此时免疫力依然较为脆弱，因此在流感季节，爸妈要做好预防措施，并且尽量不要带宝宝出门，以免被传染。

宝宝的饮食

宝宝在每个时期都会有标准的平均体重值，若是与此标准相差不远，那爸妈还不需要担心。但是如果宝宝的体重远低于平均值，并且常常感到食欲不振，体重也停止增加，甚至有不适感的症状出现，那宝宝可能是营养不良，这时爸妈可以通过

宝宝饮食 Q&A

宝宝可以吃肉吗？

不少父母因为认为宝宝无法消化，因此仍只给宝宝喝汤，不让宝宝吃肉。这样做反而剥夺了宝宝获得更多营养的机会，因此爸妈可以放心让宝宝吃肉末。

以下方法来解决此问题。

宝宝营养不良的解决方法

在治疗上，轻者可通过调节饮食促其恢复，重者则应送医院进行治疗。若出现某日或某餐宝宝进食量减少的现象。不可强迫孩子进食，只要给予充足的水分，孩子的健康就不会受损。

如连续 2~3 天食量减少或拒食，并出现便秘、手心发热、口唇发干、呼吸变粗、精神不振、哭闹等现象，则应注意。不发热者，可给孩子助消化的中药和双歧杆菌等菌群调节剂，也可多喂开水，并在开水里加入少许果汁、蔬菜

汁。待婴儿积食消除，消化通畅，便会很快恢复正常的食欲。如无好转，应去医院做进一步的检查治疗。

宝宝的照护

流感是由流感病毒引起的上呼吸道（支气管、喉头、咽喉、鼻腔等）感染，与感冒完全不同。流感多发生于天冷干燥的10月至4月之间。代表性的A型流感病毒最具传播力，容易爆发性地流行开来，而且每次流行时病毒的形态都会略微变异。患者在咳嗽、呼吸时传播给他人，在人多的地方病毒以空气为媒介进行传播。

流感通常在经历1~4天（平均2天）潜伏期后突然出现症状。初期全身都会有所感觉，发烧、恶寒头痛、肌肉痛、食欲不振。婴儿多会表现出腿肚抽筋等症状或因疼痛而哭闹。这种症状通常持续3天左右。罹患流感后，体温将迅速升至38~40℃，高烧不退。如果是婴儿患者，大人则很难将流感与感冒区分开来，因此容易诱发各种并发症。

如果罹患以高烧和疲劳为主要症状的流感，最重要的就是充分地休息和睡眠。如有可以，应当中止所有事情，尽量减少带宝宝外出，使宝宝在家中好好休息。可以喂宝宝少量开水、大麦茶、果汁等，还可以利用加湿器或悬挂湿衣服来提高室内的湿度。

如果于流感发生前的9~10月进行预防接种，80%可以有预防作用，需要每年都注射预防针。流感病毒极容易产生变异，第一年的预防针到了下一年就不再有效。因此，每年都需要注射新的药剂，成人注射1次，婴儿应注射2次。

宝宝照护 Q&A

怎么分辨流感与一般感冒？

流感与一般感冒在初期的症状较为相似，因此容易被搞混。主要可以利用症状来分辨，感冒通常会造成上呼吸道的不适，流感则会造成下呼吸道的不适，如胸闷。爸妈要分辨清楚才不会延误宝宝的病情。

十二月宝宝副食品食谱

南瓜

热量 每100克	92 卡
维生素C 每100克	148 毫克

富含维生素A、B族维生素、维生素C及磷、钙、镁、锌、钾。

12 个月

南瓜黑芝麻稀饭

食材的 挑选

外观完整、覆有均匀果粉为上选。

选购南瓜应挑选外皮无损伤与虫害，并均匀地覆有果粉的，因为此种南瓜较为新鲜，且拥有坚硬外皮、果蒂较干燥的为佳。

准备的 工作

放置一阵子再食用，可降低残留农药。

不要立即食用新采摘、未削皮的南瓜，由于农药在空气中经过一段时间可分解为对人体无害的物质，因此易于保存的南瓜，可存放1至2周来去除残留农药。

保存的 方法

正确保存，延长新鲜期。

没有切开的完整南瓜，可在室内阴凉处存放半个月，冰箱冷藏则可以保存1到2个月。已经切开的南瓜，保存时要将瓤籽挖除，用保鲜膜包好，冷藏存放，最多可放置一周。

材料：

（宝宝一餐份）

软饭40克
南瓜20克
菠菜155克
豌豆5克
水50毫升
黑芝麻2克

制作方法：

1. 南瓜去皮、籽，再切成5毫米大小。

2. 菠菜焯烫一下，磨碎；豌豆焯烫去皮后磨碎。黑芝麻磨成粉。

3. 锅里放水，加入南瓜、菠菜、豌豆熬煮片刻，再放黑芝麻粉和软饭一起搅拌。

小提醒：

黑芝麻中蛋黄素很多，它能促进体内新陈代谢，有助于脂肪运动。

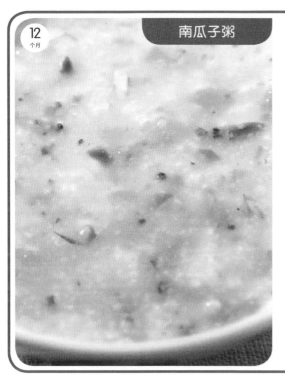

12
个月

南瓜子粥

材料：

（宝宝一餐份）

泡好的米20克
甜南瓜20克
南瓜子5克
西兰花5克
芝麻油少许
芝麻盐少许
高汤120毫升

制作方法：

1. 将泡好的米磨碎；南瓜子剁碎。

2. 将煮熟的南瓜磨碎；西兰花焯烫后剁碎。

3. 磨好的白米中倒进高汤，再倒进南瓜子和西兰花、甜南瓜熬煮片刻，最后撒上芝麻油和芝麻盐拌匀即可。

小提醒：
南瓜子34%的成分是不饱和脂肪酸，有益于宝宝的头脑发育。另外，还含有亚麻仁油酸、蛋白质、维生素A、维生素B_1、维生素B_2、维生素C及胡萝卜素等营养素。

12
个月

甜南瓜稀饭饼

材料：

（宝宝一餐份）

软饭40克
甜南瓜30克
黑芝麻15克
核桃粒15克
杏仁粒5克
奶油2克
面粉30克
鸡蛋1/3个
食用油15毫升
照烧酱30克

制作方法：

1. 甜南瓜蒸熟后切成1厘米大小，与切块的奶油一起炒，再加入洗净的黑芝麻炒，再打入鸡蛋。

2. 软饭和炒好的甜南瓜、黑芝麻、核桃粉、杏仁粉混合成面团，裹上蛋液和面粉后煎熟。

3. 将照烧酱和水混合后煮沸，淋到饭饼上即可。

小提醒：
甜南瓜含有丰富的糖类和维生素、矿物质等，特别是胡萝卜素，在油中炒一下可以增加营养吸收率。

促进能力小游戏

反应发展游戏 / 记忆发展游戏

反应发展游戏"皮球不见了"有助于训练宝宝的反应能力，促进语言理解；记忆发展游戏"哪一个"则可以培养宝宝的记忆能力，训练宝宝的注意力，形成"数"的初步概念。

游戏提示

反应发展游戏"皮球不见了"

　　如果宝宝喜欢在更大的范围内活动，妈妈可以把宝宝的玩具放到他的枕头边上，故意露出鲜艳的颜色引起他的注意。妈妈大声地询问谁看见了宝宝的玩具，然后找出来。反复几次，宝宝一听见找玩具，就会朝着枕头的方向看去。

记忆发展游戏"哪一个"

　　爸爸妈妈和宝宝一起在家里捉迷藏，爸爸每次都要变换躲藏的位置，妈妈每次寻找他都要告诉宝宝："爸爸在桌子下面"、"爸爸在电视机后面"、"爸爸在沙发上"，强调每一次的变化。

1 反应发展游戏"皮球不见了"

1.和宝宝一块儿躺在地上。

2.妈妈手里拿个球(或其他玩具)，和宝宝说说它。

3.妈妈把球藏起来——放在椅子背后或你的口袋里。

4.妈妈问宝宝："皮球不见了，到哪里去了？"

5.再把球拿出来，说："在这里！"

2 记忆发展游戏"哪一个"

1.在地板上放一条毛巾，毛巾下面藏一个玩具。做的时候让宝宝看着。

2.问宝宝："猜猜玩具在哪儿呀？你能找到吗？"宝宝找到玩具的时候，要夸奖。

3.增加一条毛巾，把玩具仍然放在第一条毛巾下面。当宝宝开始找时，把玩具转移到第二条毛巾下面。帮宝宝在第二条毛巾下面找出玩具。

妈妈生活记录表

饮食　　　运动　　　不适感

宝贝又长大咯!

宝宝开始迈入学习社会化的关键时期

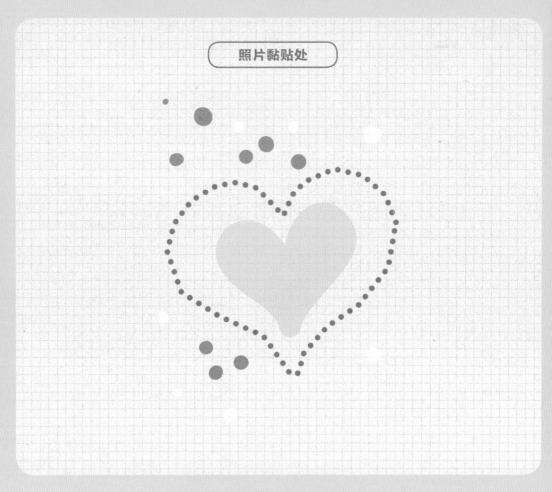

照片黏贴处

妈妈笔记

照片黏贴处

宝宝生活与成长记录表

	Day1	Day2	Day3	Day4	Day5	Day6	Day7	
睡觉								头围
喝奶								
便便								体重
洗澡								
玩耍								身高
尿布								

时间 睡觉 喝奶 便便 洗澡 玩耍 尿布

图书在版编目（CIP）数据

0～12个月宝宝照护全Hold住 / 乐妈咪孕育团队主编
-- 南昌：江西科学技术出版社，2017.12
ISBN 978-7-5390-6071-2

Ⅰ．①0… Ⅱ．①乐… Ⅲ．①婴幼儿－哺育－基本知识 Ⅳ．①TS976.31

中国版本图书馆CIP数据核字(2017)第225499号
选题序号：ZK2017267
图书代码：D17074-101
责任编辑：邓玉琼　万圣丹

0～12个月宝宝照护全Hold住

0～12GEYUE BAOBAO ZHAOHU QUANHOLDZHU

乐妈咪孕育团队 主编

摄影摄像	深圳市金版文化发展股份有限公司	
选题策划	深圳市金版文化发展股份有限公司	
封面设计	深圳市金版文化发展股份有限公司	
出　　版	江西科学技术出版社	
社　　址	南昌市蓼洲街2号附1号	
	邮编：330009　电话：(0791)86623491　86639342（传真）	
发　　行	全国新华书店	
印　　刷	深圳市雅佳图印刷有限公司	
开　　本	720mm×1020mm　1/16	
字　　数	220 千字	
印　　张	13	
版　　次	2018年1月第1版　2018年1月第1次印刷	
书　　号	ISBN 978-7-5390-6071-2	
定　　价	39.80元	

赣版权登字：03-2017-330